群智感知隐私保护

刘 杨 著

北京邮电大学出版社
www.buptpress.com

内 容 简 介

群智感知是一种新的数据收集范式,基于人们利用移动设备感知和传输感兴趣数据的意愿。由于存在大量的蜂窝用户,所以移动传感器网络将能够收集足够的数据,以快速、简单和经济高效的方式解决大规模的社会问题。群智感知中的一个重要问题是隐私问题,如果没有适当的隐私保护机制,许多用户将不愿意参与数据收集过程。本书首先介绍了群智感知系统中隐私保护机制的研究现状;然后介绍了具有隐私保护功能的群智感知在线控制机制研究、具有隐私保护功能的群智感知数据收集在线控制机制研究、基于深度强度学习的具有隐私保护功能的群智感知数据收集机制研究、基于深度强化学习的具有隐私保护功能的群智感知激励机制研究;最后对群智感知隐私保护研究做了总结和展望。

图书在版编目(CIP)数据

群智感知隐私保护 / 刘杨著. -- 北京 : 北京邮电大学出版社, 2021.7

ISBN 978-7-5635-6411-8

Ⅰ. ①群… Ⅱ. ①刘… Ⅲ. ①移动通信—通信设备—智能传感器—数据采集—研究 Ⅳ. ①TP212

中国版本图书馆 CIP 数据核字(2021)第 140131 号

策划编辑:姚 顺 刘纳新 **责任编辑**:王小莹 **封面设计**:七星博纳

出版发行:北京邮电大学出版社
社 址:北京市海淀区西土城路 10 号
邮政编码:100876
发 行 部:电话:010-62282185 **传真**:010-62283578
E-mail:publish@bupt.edu.cn
经 销:各地新华书店
印 刷:唐山玺诚印务有限公司
开 本:787 mm×1 092 mm 1/16
印 张:11.5
字 数:215 千字
版 次:2021 年 7 月第 1 版
印 次:2021 年 7 月第 1 次印刷

ISBN 978-7-5635-6411-8 定 价:39.00 元

·如有印装质量问题,请与北京邮电大学出版社发行部联系·

智能感知技术丛书

前言

移动设备数量爆炸性增长，以及对移动数据流量的需求不断增长，导致人们对感知的需求迅速增长。传统的感知技术面临着设备成本高、传感器大规模集中部署困难等问题。如今，内置强大传感器（包括加速度传感器、温湿度传感器以及麦克风等）的手机、平板电脑和可穿戴设备已得到广泛使用。这些智能设备具有强大的感知和计算功能，可以轻松收集周围环境信息，从而产生了一种新兴的感应模式，即群智感知[1]。群智感知的最大优势是可以通过大量现有用户的传感设备以快速、简便且经济高效的方式来收集大量数据，但它同样存在许多问题：第一，感知任务的到达是高度动态和不可预测的，因此需要一个在线算法来对感知任务和参与者进行自适应决策；第二，每个智能终端的容量（如缓冲区大小）受到限制，这是严重和潜在网络拥塞的根源，如果过多的感知任务进入系统，则平台可能会过载，故有必要进行合理的接入控制，以维持系统的稳定性；第三，当参与者完成感知任务时，可能会因为环境噪声、传感器测量不准确等原因而导致感知数据不准确，因此，平台有必要设计合理的聚合机制，以准确收集每个参与者的感知数据；第四，人们更加关注隐私保护，如果其感知数据暴露了私人信息甚至导致恶意攻击，则参与者可能不会提供数据，因此还应考虑保护参与者的个人隐私；第五，群智感知平台需要向参与者支付一定的费用来完成感知任务，因为参与者需要花费一定的成本，包括前往任务点的成本、隐私泄露的成本和资源消耗，否则参与者可能不愿意完成平台分配的感知任务。针对这些问题，学术界开展了广泛的研究工作来提高群智感知平台的安全性和上传数据的可靠性。现有研究有的涉及提高群智感知平台的聚合精度，但没有考虑到感知任务的到达是高度动态和不可预测的，而有的涉及聚合中心的聚合准确性和提高个人参与者的数据隐私保护级别，但没有考虑如何最大化平台和参与者的效用。在本书中，作者针对这些问题，对群智感知平台进行了系统性研究，取得了以下研究成果。

（1）具有隐私保护功能的群智感知在线控制机制

本书提出了一种具有隐私保护功能的群智感知在线控制机制，该机制可以在确保系统稳定性和参与者隐私的同时，最大化平台的利润。该机制集成了最大化平台的利润、维持平台的稳定性、确保群智感知平台参与者的隐私。与单独设计它们相比，这种集成更具挑战性。本书利用 Lyapunov（李雅普诺夫）优化理论将优化问题转换为队列稳定性问题，并以平台利润和稳定性来建立新目标。本书提出了一种距离混淆方案，每个参与者通过向平台添加噪声（而不是真实距离）来提交混淆距离，可同时实现较高的隐私保护水平和准确的聚合距离。本书从理论上证明了所提出的机制受到感知任务的队列长度和最大平台利润的限制。

（2）具有隐私保护功能的群智感知数据收集在线控制机制

首先，群智感知任务数量和种类均未知，需要对感知任务和参与者进行自适应决策；其次，智能设备和平台的容量有限，需要控制访问系统的感知任务数量以保证系统的稳定性；再次，参与者完成感知任务时，可能会因为硬件原因导致感知数据不准确，因此需要设计合理的数据聚合机制，同时，由于人们对隐私的重视，所以需要保护参与者的隐私；最后，平台需要补偿参与者的资源消耗，以提高参与者的积极性。为综合考虑上述问题，本书提出了一个综合考虑参与者的隐私、感知任务到达的随机性和平台成本，在最小化数据聚合误差和保证系统稳定性之间进行权衡的框架，并利用 Lyapunov 随机优化技术，提出了一种在线控制机制。考虑到现实中不同任务的感知决策往往需要不同的时间，本书将标准的 Lyapunov 随机优化技术推广到在连续时间内对不同类型的感知任务分别进行决策。

（3）基于深度强化学习的具有隐私保护功能的群智感知数据收集机制

群智感知已经成为最流行的感知范式，参与者通过智能设备感知数据并将其聚合到平台上。然而，如果参与者没有得到足够的补偿或者参与者的个人隐私信息被公开，那参与者可能就不愿意参与数据感知和聚合。为了克服上述问题，本书提出了一种支付-隐私保护水平博弈，其中每个参与者用指定的隐私保护水平提交感知数据，而平台选择支付相应的费用给参与者。此外，本书推导出博弈的纳什均衡点。考虑到支付-隐私保护水平模型在实践中是未知的，本书采用 Q 学习来获得动态支付-隐私保护水平博弈中的支付-隐私保护水平策略。本书进一步使用深度 Q 网络（DQN），它可将深度学习技术与强化学习相结合，加快学习速度。

（4）基于深度强化学习的具有隐私保护功能的群智感知激励机制

群智感知的主要问题之一是激励尽可能多的参与者执行感知任务，即提高参与率。我们提出了一种在群智感知中的激励机制，以在私有信息保护下招募参与者。通过将平台与参与者之间的交互定义为一个多领导者、多跟随者的斯坦伯格博弈，并推导出其静态博弈的纳什平衡点，即平台根据参与者的感知贡献来支付特定的费用，而参与者的感知贡献由感知成本和隐私保护水平决定。在模型未知的动态多领导者、多跟随者的斯坦伯格博弈中，采用 Q 学习方法推导参与者的感知贡献，并使用具有对抗架构的双深度 Q 网络来加快学习速度和避免高估。

目　　录

第1章 引　言

1.1 本书研究意义

移动设备数量爆炸性增长，以及对移动数据流量的需求不断增长，一种新的感知模式应运而生，即群智感知[1]。与传统感知范式相比，群智感知的参与者不仅是数据的最终消费者，而且扮演了其他的角色，包括数据传输、分析等。群智感知系统通过使用内置高性能传感器（包括加速器、温湿度传感器、GPS、麦克风、陀螺仪、摄像头等）的移动设备，将整个感知任务外包给大量参与者，实现计算、通信和传感的深度集成，并在室内定位、空气质量监测、交通检测、社会感知、智能交通、环境监测等领域引起了学术界、工业界的广泛研究与应用。

一个群智感知系统通常由感知层、网络层、平台层和应用层四层组成。在感知层，参与者利用嵌入手机等智能设备中的传感器完成感知任务的数据采集。在网络层，参与者通过不同类型的网络（如传感器网络、蜂窝网络和 Wi-Fi 网络）向平台传递感知数据。在平台层，平台收集来自不同参与者的数据，并以某种方式聚合数据。在应用层，平台对采集到的感知数据进行分析和处理，构建由交通检测、空气质量监测、室内定位等不同应用驱动的智能感知系统。

群智感知的最重要的优势之一是能够利用大量现有的移动用户，以快速，简便且经济高效的方式来大量收集数据。尽管群智感知系统的优势显著，但在实际应用中群智感知系统仍然面临着挑战。第一，由于感知任务的数量是未知的，并且分配给参与者并由参与者上传到平台上的任务是动态不可预测的，因此需要一个在线算法来对感知任务和参与者进行自适应决策。第二，每个智能终端的容量（如缓冲区大小）受到限制，这是严重和潜在网络拥塞的根源，如果过多的感知任务进入系统，则平台可能会过载。因此，有必要进行合理的准入控制，以维持系统的稳定性。第三，当参与者完成感知任务时，可能会因为环境噪声、传感器测量不准确等原因而导致感知数据不准确，因此，平台有必要设计合理的聚合机制，以准确收集每个参与者的感知数据。第四，随着人们更加关注隐私保护，如果其感知数据暴露了私人信息甚至导致恶意攻击，则群智感应参与者可能不会提供数据，因此，还应考虑保护参与者的个人隐私。例如，GPS的传感器和用于收集数据的相机可以显示位置之类的个人信息，如果这些数据使用不当或被泄露，则很容易侵犯个人隐私。与其他传感器网络相比，恶意参与者可以通过控制群智感知中的智能终端进行攻击，因此，在收集数据和个人信息时，可以将感知平台视为不信任的对象，但是，如果参与者采用过强的安全保护策略，则可能无法获得准确的终端数据。第五，该平台需要向参与者支付一定的费用来完成感知任务，因为参与者需要花费一定的成本，包括前往任务点的成本、隐私泄露的成本和资源消耗。如果参与者没有得到适当的补偿，则可能不愿意完成平台分配的感知任务。

为解决上述问题，学术界提出了许多隐私保护机制、激励机制、任务分配机制等。但他们的工作没有全面地考虑上述问题。因此，研究致力于优化任务分配、系统稳定性、数据聚合误差，并实现用户隐私保护和激励的群智感知框架是一个具有重要意义的研究方向。

对于群智感知系统，许多工作集中在群智感知的激励机制上，以最大化平台利润或最小化参与者的报酬[1-10]。在参考文献[1]中，通过集成安全性、隐私性、问责制和激励措施提出了一种群智感知架构。在参考文献[2]中，设计了两个基于拍卖激励措施的隐私保护框架，以实现近似社会成本的最小化，同时考虑智能手机用户出价的隐私。在参考文献[3]中，结合了激励、数据汇总和微扰来选择参与者。在参考文献[4]中，提出了一种框架，该框架通过减少一个周期中的投标和分配步骤来提高群智感知应用程序的位置隐私保护级别。在参考文献[5]中,提出了一种位置聚集方法,将参与者分为几类,以保证位置隐私。在参考文献[6]中,提出了一种激励机制来协调平台聚合的准确性和参与者的数据隐私。在参考文献[7]中,设计了两种防止女巫攻击的在线激励机制。在参考文献[8]中,提出了双重拍卖,以保护投标人的隐私。在参考文献[9]中,提出了一种基于可伸缩分组的隐私保护参与者选择方案,以保护时空群智感知系统中的出价隐私。在参考文献[10]中,提出了一种优胜者选择机制,并根据工人的混淆信息最小化了总行驶距离。但是,在上述文献中都没有考虑到感知任务的到来是高度动态且不可预测的这一事实。

已经有一些工作考虑了感知任务的动态和不可预测的特征。在参考文献[11]中,提出了一种在线控制机制,用于请求接纳、任务分配和调度。在文献[12]中,为参与者和群智感知提供了在移动群智感知中感知数据传输的最佳策略。在参考文献[13]中,提出了如何通过考虑感知请求和智能手机用户的位置来接纳请求和选择智能手机用户的方法。通过考虑位置,参考文献[14]的作者研究了一种群智感知系统,其中任务是随机到达的。但是,在上述文献中都没有在群智感知中关注隐私。针对这一问题,本书的第一个内容即为研究具有隐私保护功能的群智感知在线控制机制,在确保系统稳定性和参与者隐私的同时,最大化平台的利润[103]。

有很多工作致力于在群智感知中实现隐私。有些工作侧重于使用加密技术保护隐私。例如,在参考文献[15]中,提出了一种隐私保护方案,以平衡参与者隐私和任务分配。在参考文献[16]中,应用博弈论和数据加密来平衡数据质量和隐私。在参考文献[17]中,引入一个众筹框架,通过加密群智感知数据来实现保护隐私的真相发现。在参考文献[18]中,利用 Paillier 密码体制提出了一种保护隐私的真相发现方案。在参考文献[19]中,通过分组和拉格朗日多项式插值来保护投标者的隐私。在参考文献[20]中,提出了一种在群智感知中解密加密真相的体系结构。在参考文献[21]中,使用基于假名的签名来实现隐私保护认证。在参考文献[22]中,建立了一种机制,共同确保感知数据的质量以及提高参与者的隐私保护级别。

一些工作通过使用一些网络架构来实现隐私保护。例如,在参考文献[23]中,提出了一种基于雾的群智感知的隐私保护和抗共谋机制。在参考文献[24]中，通过考虑一个不可信的服务器来实现分布式隐私保护。在参考文献[25]中，提出了一种保护隐私的交通监控方案，以支持雾辅助的车辆群智感知中的虚假报告过滤。在参考文献[26]中，提出了一种基于边缘计算的群智感知隐私保护声誉管理方案。在参考文献[27]中，在互联车载云计算中实现了基于信任的群智感知服务。在参考文献[28]中，实现了基于雾的群智感知中的数据机密性和任务分配。

一些工作使用区块链、差异隐私等来保证隐私。例如，在参考文献[29]中，构建了一个基于去中心化区块链技术的群智感知系统，同时确保单个数据的机密性和聚合结果的差分隐私性。在参考文献[30]中，使用公共区块链来实现群智感知的隐私性、健壮性和验证性。在参考文献[31]中，提出在群智感知中使用区块链来保证用户的位置隐私。在参考文献[32]中，使用区块链在基于群智感知的实时地图更新中确保奖励的分配。在参考文献[33]中，提出了一个区块链框架，以保证车辆和物联网中心之间交换信息的隐私性。在参考文献[34]中，通过考虑差分和失真隐私来最小化参与者的旅行距离。在参考文献[2]中，利用差分隐私设计拍卖机制，以实现投标隐私保护和近似社会成本最小化。在参考文献[35]中，建议在一个不可信的平台下，利用差分隐私保护群智感知参与者的出价。在参考文献[10]中，提出了一种任务分配机制，它考虑了参与者的不同私有位置。在参考文献[36]中，提出了一种利用差分隐私保护组位置和数据隐私的激励机制。在参考文献[37]中，开发了一种基于强化学习的方法，以研究在动态场景下具有不同隐私的感知数据的隐私保护群智感知。在参考文献[38]中，提出了一种利用差分隐私来实现数据定价的拍卖机制。然而，上述文献没有一个考虑如何在隐私保护的群智感知中进行数据聚合。

在隐私保护的群智感知中，研究者们致力于数据聚合机制。在参考文献[6]中，利用差分隐私来实现对用户的隐私保护，同时最大限度地提高群智感知平台的聚合精度。在参考文献[3]中，联合考虑数据聚合和扰动，以保护工人的隐私，并提高最终扰动结果的准确性。然而，他们都没有考虑到感知任务的到达是高度动态和不可预测的。针对这一问题，本书工作的第4章即为研究具有隐私保护功能的群智感知数据收集在线控制机制，综合考虑参与者隐私性、感知任务到达的随机性和平台成本，并在最小化数据聚合误差和保证系统稳定性之间进行权衡[104]。

在群智感知中,有效的激励机制可以极大地提高参与者的积极性。在车联网的群智感知环境下,Liang Xiao 等人[39]依靠强化学习和博弈论解决了感知精度和群智感知服务器整体支付之间的权衡问题。Alsheikh 等人[40]使用博弈论来解决提供商之间的利润分配问题,并将服务质量与隐私级别联系起来。Jin 等人[41]提供了一种双重拍卖机制,以刺激数据请求者发布感知请求,并激励工作人员参与感知任务,从而实现数据聚合。然而,拍卖机制在群智感知中关注多个任务。对于一个感知任务,博弈论通常被用来设计激励机制。Yang 等人[42]提出了一个以群智感知为中心的模型,其中一个激励机制的设计是通过使用斯坦伯格博弈。Nie 等人[43]设计了一种激励机制,通过应用两阶段斯坦伯格博弈来确定服务提供商的激励手段和移动用户的参与积极性。Cao 等人[44]通过使用基于多阶段随机编程的博弈来激励移动用户参与群智感知。Zhan 等人[45]利用两用户合作博弈,激励数据载体和移动中继用户在移动随机感知中贡献数据。然而,这些工作都假设平台和参与者之间的交互有一个特定的模型。Zhan 等人[46]设计了一种激励机制,通过制订无模型的多重领导和多重追随者的斯坦伯格博弈,利用深度强化学习来获得任务发起者的最优定价策略。在参考文献[47]中进行了一项利用机器学习方法进行网络数据聚合的研究,其中提出了一种基于边缘的网络表示的方向性学习模型。然而,上述工作都没有考虑群智感知中的隐私保护问题。

研究者们已经做了一些工作来鼓励参与者参与保护隐私的群智感知。Jin 等人[48]设计了一种差分隐私拍卖机制,通过考虑每个工作人员的出价隐私来最小化平台的支付费用。Wang 等人[49]为移动群智感知系统提出了一种具有位置隐私保护的真实激励机制。在参考文献[50]中,引入一个考虑激励、数据聚合和扰动的群智感知框架。Li 等人[9]提出将参与者分成多个组,并在组内进行拍卖,以保护出价信息。然而,上述工作考虑的是参与者执行多个感知任务,这与本书中参与者只需要一个数据聚合任务的情况不一致。REAP[6]为参与者提供了不同的隐私偏好,以协调聚合中心的聚合准确性和个人参与者的数据隐私。然而,它没有考虑如何最大化平台和参与者的效用。针对这一问题,本书第5章的研究内容为基于深度强化学习的具有隐私保护功能的群智感知数据收集机制,以满足不同参与者不同隐私偏好的需求[105]。本书第 6 章为基于深度强化学习的具有隐私保护功能的群智感知激励机制,探讨了多个平台和多个参与者之间的博弈,并且考虑了同组参与者信息交流的场景[106]。

综上所述,在隐私保护群智感知系统中,存在系统稳定性弱、缺乏对用户的隐私保护、数据聚合误差较大、无法满足不同参与者的隐私需求和激励需求等问题。针对这些问题,本书的研究能够在确保系统稳定性和参与者隐私的同时,最大化平台的利润,综合考虑参与者的隐私性、感知任务到达的随机性和平台成本,在最小化数据聚合误差和保证系统稳定性之间进行权衡,并满足不同参与者不同隐私偏好的需求。

1.2 本书背景与研究思路

本书围绕群智感知隐私保护的基础性研究工作展开。在国家自然科学基金、国家科技重大专项的支持下,作者对隐私保护群智感知框架存在的问题和国内外研究现状进行了深入的分析,并对隐私保护群智感知框架进行系统性的研究,以实现群智感知系统稳定性、安全性、数据聚合精确性、参与者积极性的全面提升。本书研究思路如下。

第一,本书研究了具有隐私保护功能的群智感知在线控制机制。本书提出了一种用于具有隐私保护功能的群智感知系统的在线感知控制机制,该机制可以在确保系统稳定性和参与者隐私的同时,最大化平台的利润。更具体地说,首先,对由四个模块组成的系统进行建模,即隐私保护模块、接入控制模块、任务分配模块和任务执行模块。然后,将该问题表述为利润最大化问题。使用 Lyapunov 优化理论[8],将原始问题转化为队列稳定性问题,然后将其进一步分解为三个独立的子问题,包括接入控制、任务分配和任务执行。为了保护参与者的隐私,本书采用了地理差分隐私的定义,在这种定义中,参与者通过向平台添加噪声(而不是真实距离)来报告混淆距离,这是作为参与者前往感知位置的一种补偿。通过严格的理论分析,证明了本书提出的机制可以实现有界队列长度和近似最佳性能。最后,通过比较最新的解决方案,进行了广泛的仿真,以评估所提出机制的性能。

第二，本书研究了具有隐私保护功能的群智感知数据收集在线控制机制。本书提出了 DREAM 和 DREAM＋两种在线控制机制，通过考虑感知任务到达的随机性和参与者的隐私保护水平，并控制平台成本，在保证系统稳定性的同时尽量减少数据聚合误差。首先，将系统分为四个模块进行建模，分别是隐私保护模块、参与者选择与数据聚合模块、接入控制模块和数据聚合模块。然后，利用 Lyapunov 理论[8]最小化数据聚合误差，将问题转化为一定条件下的队列稳定性问题，并进一步将其分解为三个子问题。在 DREAM＋中，进一步扩展了标准的 Lyapunov 随机优化技术，考虑到不同类型的感知任务通常具有不同的处理时间，对连续时间内不同类型的感知任务分别进行决策。通过严格的理论分析，证明了所提机制能够在数据聚合误差最小的情况下实现系统的稳定性。最后，通过与其他方法的比较，对所提出机制进行了仿真和评估。

第三，本书研究了基于深度强化学习的具有隐私保护功能的群智感知数据收集机制。本书提出了一种基于平台支付与参与者隐私保护水平交互的个性化隐私保护数据聚合博弈，以满足不同参与者不同隐私偏好的需求。对于隐私数据聚合博弈，只考虑一个感知任务，即平台验证参与者的隐私保护水平的正确性并支付相应的费用。通过这种反复的交互，平台与参与者不断调整策略，参与者倾向于获得更多的报酬，平台渴望获得更准确的感知数据。在这种情况下，参与者一方面可以抑制无效数据对聚合的感知数据的影响；另一方面，参与者的隐私可以被个性化。一方面，平台为了鼓励参与者参与群智感知，让参与者获得应得的报酬；另一方面，平台可在实现平台效用和数据聚合准确性之间进行平衡。

第四，本书研究了基于强度强化学习的具有隐私保护功能的群智感知数据收集机制。本书提出了一种在群智感知中的激励机制，以在私有信息保护下招募参与者。该机制首先将平台与参与者之间的互动建模为一个多领导者、多跟随者的斯坦伯格博弈，在该博弈中，作为领导者的平台向参与者付款，而作为跟随者的参与者做出贡献，借此从平台中获得相应的费用。然后推导得出一个唯一的纳什平衡点，这意味着平台和参与者的效用都得到了最大化。由于环境的复杂性以及不确定性难以获得最优策略，因此采用强化学习算法（即 Q 学习）来获得参与者的最优感知贡献。为了加快学习速度并避免对参与者所采用决策的乐观高估，提出了

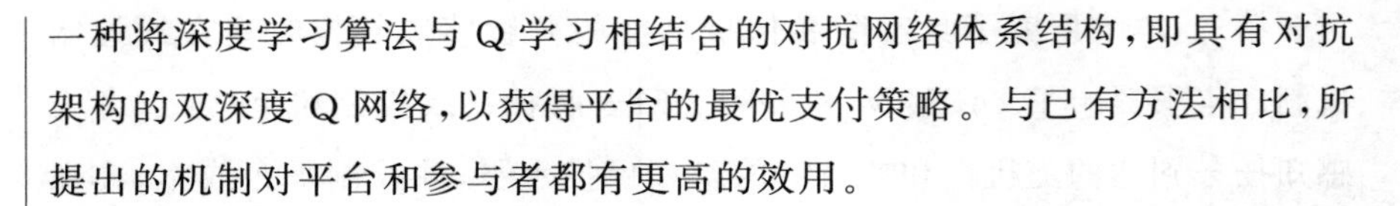

一种将深度学习算法与Q学习相结合的对抗网络体系结构，即具有对抗架构的双深度Q网络，以获得平台的最优支付策略。与已有方法相比，所提出的机制对平台和参与者都有更高的效用。

1.3 本书主要贡献

作者在国家自然科学基金、国家科技重大专项的支持下，通过对群智感知隐私保护技术的系统性研究，取得了以下创新性研究成果。

(1) 具有隐私保护功能的群智感知在线控制机制：本书提出了一种用于具有隐私保护功能的群智感知系统的在线感知控制机制，该机制可以在确保系统稳定性和参与者隐私的同时，最大化平台的利润、该机制集成了最大化平台的利润，维持系统的稳定性、确保群智感知系统参与者的隐私。与单独设计它们相比，这种集成更具挑战性。本书利用Lyapunov优化理论将优化问题转换为队列稳定性问题，并以平台利润和系统稳定性来建立新目标函数。本书提出了一种距离混淆方案，其中每个参与者通过向平台添加噪声(而不是真实距离)来提交混淆距离，同时实现较高的隐私保护等级和准确的聚合距离。本书从理论上证明了所提出的机制受到感知任务的队列长度和最大平台利润的限制。

(2) 具有隐私保护功能的群智感知数据收集在线控制机制：首先，群智感知任务数量和种类均未知，需要对感知任务和参与者进行自适应决策；其次，智能设备和平台的容量有限，需要控制访问系统的感知任务数量以保证系统的稳定性；再次，参与者完成感知任务时，可能会因为硬件原因导致感知数据不准确，因此需要设计合理的数据聚合机制，同时，由于人们对隐私的重视，所以需要保护参与者的隐私；最后，平台需要补偿参与者的资源消耗，以提高参与者的积极性。为综合考虑上述问题，本书提出了一个综合考虑参与者隐私性、感知任务到达的随机性和平台成本，在最小化数据聚合误差和保证系统稳定性之间进行权衡的框架，并利用Lyapunov随机优化技术，提出了一种在线控制机制。考虑到现实中不同任务的感知决策往往需要不同的时间，本书将标准的Lyapunov随机优化技术推广到连续时间并对不同类型的感知任务分别进行决策。

(3) 基于深度强化学习的具有隐私保护功能的群智感知数据收集机制:群智感知已经成为最流行的感知范式,参与者通过智能设备感知数据并将其聚合到平台上。然而,如果参与者没有得到足够的补偿或者他们的个人隐私信息被公开,他们可能不愿意参与数据感知和聚合。为了克服上述问题,本书提出了一种支付-隐私保护水平博弈,其中每个参与者用指定的隐私保护水平提交他的感知数据,而平台选择相应的费用支付给参与者。此外,本书推导出博弈的纳什均衡点。考虑到支付-隐私保护水平模型在实践中是未知的,本书采用Q学习来获得动态支付-隐私保护水平博弈中的支付-隐私保护水平策略。本书进一步使用深度Q网络,它将深度学习技术与强化学习相结合,可加快学习速度。

(4) 基于深度强化学习的具有隐私保护功能的群智感知激励机制:通过将平台与参与者之间的交互定义为一个多领导者、多跟随者的斯坦伯格博弈,并推导出其静态博弈的纳什平衡点,即平台根据参与者的感知贡献来选择特定的支付费用,而参与者的感知贡献由感知成本和隐私保护水平决定。在模型未知的动态多领导者、多跟随者的斯坦伯格博弈中,采用Q学习方法推导参与者的感知贡献,并使用具有对抗架构的双深度Q网络来加快学习速度和避免高估。我们已经进行了大量的模拟实验,证明了所提出的机制与最先进的算法相比,对平台和参与者都有更大的效用。

1.4 本书内容安排

本书的内容安排如下。

第1章讨论了群智感知隐私保护的研究背景和意义,并简要说明了本书的主要贡献。

第2章对群智感知的研究现状进行了综述。总结了群智感知最新的研究成果,并总结出了这些研究成果还需要改进和扩展的工作,如有的工作没有考虑最大化群智感知平台的利益,有的工作没有考虑感知任务到来的高度动态随机性可能会对感知任务产生的影响。

第 3 章考虑到感知任务到达的随机性、参与者的动态参与以及任务分配的复杂性，提出了一种在线控制机制，以最大限度地提高平台的利润，同时确保系统的稳定性并提供个性化的位置隐私保护。通过利用 Lyapunov 优化理论，将优化问题转换为队列稳定性问题，考虑平台利润和系统稳定性来建立新目标函数，将其进一步分解为三个子问题。从理论上证明了所提出的机制受到感知任务的队列长度和最大平台利润的限制。

第 4 章综合考虑参与者隐私性、感知任务到达的随机性和平台成本，提出了一个在最小化数据聚合误差和保证系统稳定性之间进行权衡的框架，并利用 Lyapunov 随机优化技术，提出了一种在线控制机制。考虑到现实中不同任务的感知决策往往需要不同的时间，将标准的 Lyapunov 随机优化技术推广到连续时间对不同类型的感知任务分别进行决策。

第 5 章考虑到用户由于隐私等原因不愿意参与数据感知与聚合，提出了一种支付-隐私保护水平的博弈。此外，该章推导出博弈的纳什均衡点。考虑到支付-隐私保护水平模型在实践中是未知的，采用了 Q 学习来获得动态支付-隐私保护水平博弈中的支付-隐私保护水平策略，并且进一步使用深度 Q 网络，以加快学习速度。

考虑到参与者的自私和不确定性，在群智感知中的激励机制设计仍然面临挑战，对此第 6 章提出了一种针对参与者的激励机制。由于环境的复杂性以及不确定性而难以获得最优策略，因此采用强化学习算法(即 Q 学习)来获得参与者的最优感知贡献。为了加快学习速度并尽量避免对参与者所采用决策的乐观高估，提出了一种将深度学习算法与 Q 学习相结合的对抗网络体系结构，即具有对抗架构的双深度 Q 网络，以获得平台的最优支付策略。

第 7 章对本书进行总结，并讨论未来的研究方向。

第2章 群智感知隐私保护机制现有研究综述

2.1 隐私保护机制

最近，针对隐私保护机制的研究得到了人们的广泛关注[51-58]。例如，在参考文献[51]中，现有的隐私保护机制都需要服务器和参与者不断保持交互来保证数据的可靠性并同时保护隐私，使得参与者需要永远保持在线状态，考虑到这给参与者带来了过多的能耗和通信开销，所以作者设计了一个非交互式真相发现系统，通过设计一个不需要用服务器和提供者之间一直进行迭代交互的方式来保护参与者的隐私。人们对路面质量的监测一直十分关注，一个方案就是利用群智感知和基于车辆的监测的雾计算来同时实现移动性支持、位置感知、低延迟，在参考文献[52]中，提出了一种无证书聚合签密方案的隐私保护协议，以提高基于使用雾计算的基于车辆感知的道路状况监控系统的安全性。在用户共享数据时，为了防止隐私泄露，可能会在敏感信息周边发布尽可能多的非敏感上下文来作为简单的保护，但此时攻击者简单地利用用户行为中的时空相关性就能攻击用户，PLP[53]通过过滤用户的上下文（同时保证其隐私）来最大化收集的数据数量。PLP通过条件随机场对上下文之间的时空相关性进行建模，并提出一种加速算法来学习相关性中的弱点。即使对手足够强大，知道采用的过滤系统和它的弱点，PLP仍然可以保护隐私，并且在线操作的计算成本很少。恶意网络节点通常会通过分发伪造的公钥来危害网络和数据隐私，在参考文献[54]中，提出了一种动态信任关系感知数据隐私保护机制，该机制将密钥分发与信任管理相结合，可以根据参与者的数量和公共密钥的信任度来评估公共密钥的信任值，通过将话务数据分类为不同的类型，并根据话务数据类型选择合适的中继节点来转发数据，这样的具有中继级别和信任度的网络资源会更为有效，以确保数据传输的私密性同时在平均延迟、传输速率和加载速率方面具有更好的性能。在群智感知中无处不在的采样和开放性会导致严重的隐私泄露问题，人们的活动轨迹可能会泄露私人信息，在参考文献[55]中，提出了轨迹逻辑分离存储 QLDS，提取用于个人轨迹检索的查询逻辑，并使实际轨迹元组不聚类到服务器端的任何路由身份或用户身份，将提取的查询逻辑存储在用户自己的客户端设备上，并将非聚集的位置元组存储在后端服务器上，从而保证了客户端的轨迹重建和服务器端的隐私保护。在参考文献[56]中，针对有的用户为了节省感知成本或者保护个人隐私而向平台提供伪造的感知结果的问题，提供了安全的群智感知博弈的斯坦伯格均衡，以在不知道群智感知博弈动态版本中的智能手机感知模型的情况下，群智感知系统可以应用深度 Q 网络来激励高质量的感知服务并抑制伪造的感知攻击。这是一种结合了强化学习和深度学习技术的深度强化学习技术，从而得出了针对该问题的最佳群智感知策略，以激励感知服务并阻止虚假感知攻击。在参考文献[57]中，提出了一种针对数据重构攻击并可提供可量化效用的 ε-差分隐私算法。由于作为中间者的隐私服务器可能是不受信任的实体，所以有研究提出匿名数据收集的随机响应方案。这种数据收集可以统计地分析用户的感知数据，而不需要其他用户感知结果的准确信息。传统的随机响应方案及其扩展需要大量样本才能实现正确的估计，所以在参考文献[58]中，提出了一种匿名数据收集机制，可以在隐私和实用性之间进行权衡，更准确地估计数据分布。并且，通过使用具有合成数据集和真实数据集的仿真，证明提出的方法可以将均方误差降低 85%以上。在参考文献[58]中，提出了一种真相发现方案，在这个方案中用户将加密的感知数据发送到云，然后在加密域中进行加密真相感知。最终的加密推断真相发送到请求者，以进行解密。在整个工作流程中，用户的感知数据和可靠性程度以及推断出的请求者真相都是不公开的，该真相发现方案可在移动群智感知中实现加密的真相发现，以在确保用户和请求者隐私的同时提供真实的信息。在参考文献[84]中,提出了一种新型隐私保护系统,该系统提供了针对量子攻击的高安全性,性能分析表明,其至少比现有的128位安全性随机化技术快两倍。

针对物联网以及物联网中节点的隐私保护问题,Chen等人[85]研究了分散物联网网络中隐私保护的协作学习,其研究表明,尽管物联网存在苛刻的限制,但仍然可以在本地差异化隐私框架下通过其提出的离散协作学习算法来设计高效的隐私保护协作学习算法。Wei等人[86]针对物联网中的智能移动终端,总结了移动智能终端安全认证的安全性和隐私要求,之后利用余弦相似性和部分同构公钥加密方案提出了一个隐私保护隐式身份验证框架。该协议的通信和计算效率比其他相关协议更为有效。在参考文献[87]中,考虑到在物联网中被广泛采用的智能电表的隐私安全问题,提出了pAuditChain框架。该框架结合同态加密与区块链技术来权衡数据统计和隐私保护,同时采用无证书签名来解决批处理中的效率瓶颈。该框架是在提高票据安全性和隐私性的同时而不失去审计功能的首批解决方案之一。

一些研究者将工作侧重于雾计算和边缘计算。在参考文献[88]中,针对雾设备的安全和隐私挑战,提出了一种高效的、具有隐私保护功能的范围查询方案。首先,其引入一种新的分解技术,以缩减路径;然后,使用对称同构加密方案对缩减的路径进行加密,并通过雾节点安全地将它们交给物联网设备。此技术使查询用户能够启动隐私保护的连续或非连续范围查询,并接收具有改进的通信效率的同质聚合加密响应。边缘人工智能(AI)实现了物联网系统的实时本地数据分析,实现了低功耗和高速运行,但附带了隐私保护要求。基于Memristor的计算系统是边缘AI的一个有前途的解决方案,但由于资源有限,它需要一种低成本的隐私保护机制。在参考文献[89]中,采用了一种名为ESMA的高效、安全的多维数据聚合方案。ESMA中的多维数据被结构化并加密为单个Paillier密文,然后,数据被有效地解密。为了保护隐私,Paillier加密系统在基于雾计算的体系结构中采用,为了实现高效的自动认证,应用了批处理验证技术。此外,ESMA是容错的,并且是可以进行调整的,以响应除数据求和以外的其他查询。性能分析证明了ESMA具有可扩展性的成本效益。移动边缘计算(MEC)通过实现高效的数据共享在支持多样化服务应用程序方面起着重要作用。然而,MEC的独特性也带来了数据隐私和安全问题,阻碍了MEC的发展。Fu等人[90]采用了一种噪声分布正态化(NDN)方法,通过硬件实现来添加高斯分布式噪声,从而实现边缘AI的差别隐私。在一个案例研究中,该方法实现了物联网系统中边缘AI的超低成本。类似地,在参考文献[91]中对边缘云协作系统的攻击和隐私保护的问题进行了系统的研究。首先,该文献为不受信任的云设计一组新攻击,以恢复输入到系统的任意输入,即使攻击者无法访问边缘设备的数据或计算,也无法访问此系统的权限。其次,其通过经验证明,增加噪音的解决方案无法击败该文献提议的攻击,因此提出了两种更有效的防御方法。这为开发更多隐私保护协作系统和算法提供了见解和指南。Liu等人[92]利用异步学习方法,在支持区块链的MEC系统中提出了一个安全的数据共享方案。该方案首先在MEC系统中提出了一个支持区块链的安全数据共享框架;然后根据现有的系统资源和用户的隐私要求,提出了一个自适应的隐私保护机制;最后在支持区块链的MEC系统中提出了安全数据共享的优化问题。该方案在平均吞吐量、平均能耗和奖励方面具有优越性。一些学者考虑到边缘服务中心数据聚合的安全性问题,例如,在参考文献[93]中,提出了一种基于区块链的安全数据聚合策略(BSDA),用于边缘计算授权物联网。具体地,为了限制任务接收者搜索和接受任务,区块链头部与包括任务安全级别和任务完成要求的安全标签集成在一起。因此,开发了新的块生成规则,以提高系统吞吐量和事务延迟的性能。此外,BSDA将敏感任务和任务接收者分解为反对隐私泄露的组。同时,在移动数据采集器的安全级别应高于数据聚合任务的安全级别的限制下,开发了一种深度强化网络方法,即改进的双引导深度确定性策略梯度。BSDA作为一种隐私保护策略具有高吞吐量和低延迟,且在聚合比和能源成本方面优于某些机制。

2.2 群智感知的隐私保护

有很多工作致力于在群智感知中实现隐私保护,有些工作侧重于使用加密技术保护隐私。例如,在参考文献[20]中,提出了一种隐私保护方案,可基于移动用户的地理信息和可信程度来支持精确的任务分配,通过使用代理重新加密和短组数字签名可以保护感知任务,并对报告进行匿名处理,以防止隐私泄漏,并在高效分配任务的同时保护参与者的隐私。考虑到在群智感知的隐私保护中如果对所有感知数据都采用统一隐私策略会导致群智感知系统中过度或不足的保护以及众包服务的质量低下,在参考文献[1]中,设计了一种个性化的隐私度量算法来计算用户的隐私级别,然后将其与博弈论相结合,以构建合理的上传策略,从而平衡数据质量和隐私保护。由于在群智感知中发现知识和知识货币化尚存在不少问题,如隐私保护问题,在许多实际的群智感知应用中,通常以流方式收集数据,因此,需要以流方式有效地进行真相发现,发挥知识货币化的作用,赋予其透明性和简化流程的特征,同时充分满足各方在货币化生态系统中的实际需求问题。在参考文献[2]中,引入一个群智感知框架,该框架可实现保护隐私的知识发现和全面的基于区块链的知识货币化。该框架可通过加密的众包数据流实现隐私保护和有效的真相发现。同时,通过对新兴的基于区块链的智能合约技术的精心集成,该框架可以实现成熟的知识货币化。为应对货币化公平性和链上知识保密性的挑战,该知识货币化设计在透明、简化的流水线以及对客户的自动质量监测奖励等技术的支持下,充分尊重知识卖方和请求者的利益。在参考文献[3]中,利用 Paillier 密码体制提出了一种保护隐私的真相发现方案,采用同态 Paillier 加密、单向哈希链和超增量序列技术,此方法不仅可以确保强大的隐私性,而且非常高效实用,其中的探索数据扰动和同态 Paillier 加密技术可以将所有用户工作负载转移到服务器端,而不会损害用户的隐私,非常有利于移动端。基于拍卖的参与者选择已广泛用于群智感知,但披露参与者的出价可能会披露其私人信息,参考文献[4]研究了如何在时间和空间动态群智感知系统中保护此类出价隐私。该文献作者假设感知任务和移动参与者都具有在时空范围内的动态特征。参考文献[13]设计了基于可伸缩分组的隐私保护参与者选择方案,该方案利用拉格朗日多项式插值法来扰乱组内参与者的出价。该解决方案不影响当前群智感知平台的运行。理论分析和实际数据仿真都验证了所提出解决方案的效率和安全性。在群智感知中,从大量的感知结果中获取有用可靠的信息是一个难点,现有的通过筛选用户和用金钱众筹的方式虽然能够起到提高感知数据质量的效果，但也因为这些数据的专有性，这些人的信息更需要被保护。在参考文献[6]中，使用基于假名的签名来实现隐私保护认证，可以让每个用户生成任意数量的假名来参与各种感知任务，同时阻止用户以不同的假名参与同一任务，这成为一种可扩展的隐私保护身份验证解决方案。参考文献[7]结合博弈论、算法机制设计和真相发现开发了一种机制，可在不损害群智感知参与者隐私的情况下提高群智感知数据的质量。该文献作者使用大量实际的群智感知数据集仿真评估了所提机制的性能。在参考文献[94]中，使用基于声誉的激励机制提供了一个私有数据聚合，并提供了基于假设检验的数据可靠性验证和参与式用户的声誉更新，这两种方法协同工作，以减轻篡改数据的影响。同时，该文献采用一种强化学习算法来获得最优测试阈值。理论分析和实验结果表明，在参考文献[94]中的 PPCS 是一种节能策略，它提供的数据比某些基准策略具有更好的聚集精度。参考文献[95]提出了一种保护隐私的群智感知边缘任务分配框架(PETA)，利用部署在用户和平台之间的强大边缘服务器，根据用户属性对用户进行聚类和管理。此外，群签名被 PETA 用来匿名化和验证用户身份，以保护任务分配的隐私。理论分析和仿真结果验证了 PETA 在身份匿名性、恶意用户检测和任务完成率等方面的性能。参考文献[96]提出了一种基于雾计算的车辆群智感知体系结构，并针对数据报告、奖励发放和信任管理过程提出了相应的隐私保护解决方案。并且，利用零知识证明、单向散列、部分盲签名认证和同态加密等技术实现了该文献的目标，分析和仿真验证了该体系结构在隐私保护和网络响应两方面的效率改进。

一些学者通过使用一些网络架构来实现隐私保护。在参考文献[8]中，提出了一种基于雾的群智感知的隐私保护和抗共谋机制，并提出了一种具有抗共谋的隐私保护数据报告和请求方案，来抵抗服务器和用户之间的共谋攻击。参考文献[9]通过考虑一个不可信的服务器，提出了一种基于分布式代理的隐私保护框架，它在用户和不受信任的服务器之间引入新级别的多个代理。用户可以直接选择一个代理并使用匿名连接技术将签到信息上传到该代理，而不必直接将签到信息上传到不受信任的服务器。每个代理会汇总收到的感知数据，并使用拉普拉斯机制在本地干扰在云端汇总的统计信息。来自所有代理的扰动统计信息进一步组合在一起，以形成整个扰动统计信息并进行发布。特别是，该文献作者提出了一种分布式预算分配机制和一种基于代理的动态分组机制，以分布式方式实现全局 w-事件 ε-差分的隐私，同时证明，该机制可以为不信任服务器下的实时感知数据发布提供 w-事件 ε-差分的隐私。参考文献[10]提出了一种保护隐私的交通监控方案，利用短组签名以有条件的匿名方式对驾驶员进行身份验证，采用范围查询技术以隐私保护的方式获取驾驶信息，然后通过 Wi-Fi 挑战握手在每个雾节点处将其集成到加权邻近图的构造中，以滤除虚假报告，并支持雾辅助车辆群智感知中的虚假报告过滤。在参考文献[11]中，将大量现有的集中式任务分配策略直接应用于参与者的实时信息，以进行优化，提出了一种情境感知任务分配框架，以使该群智感知平台能够有效、实时地处理智慧城市中的大规模群智感知任务。任务分配在云计算层和边缘计算层中执行。它旨在结合云计算和边缘计算的优点，即在确保总体调度的同时减少通信时延。云层基于参与者的背景信息、任务上下文和历史反馈来评估参与者的面向任务的信誉，并将边缘层最有希望的参与者子集发送给边缘层。然后，边缘层与参与者通信，以获取实时信息，并基于任务要求进行优化。在云层中，参考文献[11]提出了一种隐私保护和上下文在线学习算法，该算法可管理参与者的声誉，可以根据参与者的先前表现来调整决策策略。在边缘层，可以将大量现有的集中式任务分配策略直接应用于参与者的实时信息，以进行优化。理论分析表明，该设计为请求者和参与者实现了次线性回归和差分隐私。在参考文献[12]中，可以在车联网群智感知中启用基于信任的众包服务。在互联车载云计算中实现基于信任的众包服务，该体系结构将系统分为控制平面和数据平面，信任授权机构和服务提供者位于控制平面，车辆和雾位于数据平面。该文献作者为可靠感知提供匿名车辆身份验证、交互式过滤真相发现和信任管理的解决方案，以实现可靠的群智感知。在参考文献[13]中，提出了一种雾辅助移动群智感知框架，使雾节点能够根据用户的移动性来分配任务，以提高任务分配的准确性，此外，引入雾辅助安全数据重复数据删除方案，以提高通信效率，同时保证数据机密性。具体来说，一种伪随机函数旨在使雾节点能够检测并删除感知报告中的重复数据，而不会暴露报告的内容。在此过程中，利用哈希函数来实现匿名移动用户的贡献索取和奖励检索。该文献作者结合博弈论、算法机制设计和真相发现开发了一种机制，可在不损害群智感知参与者隐私的情况下保证并提高群智感知数据的质量。

在有些文献中，使用区块链、差分隐私等来保证隐私。在参考文献[14]中，构建了一个基于去中心化区块链技术的群智感知系统，探索了在新兴的去中心化区块链技术之上构建群智感知系统的另一种设计方法。在享受公有区块链带来的好处的同时，利用一些最新技术或个别的定制设计来编排一组合适的安全属性组合。该设计允许数据提供商安全地将数据贡献给透明的区块链，并保证对单个数据的保密性以及对聚合结果的不同隐私性。同时采用硬件辅助的透明区域来确保数据聚合和数据净化。此外，采用定制的零知识证明方案，保持了系统对提交无效数据的数据提供者的鲁棒性。同时确保单个数据的机密性和聚合结果的差分隐私性。在参考文献[30]中，使用公有区块链来实现群智感知的隐私性、健壮性和验证性。在参考文献[31]中，提出在群智感知中使用区块链来保证用户的位置隐私。在参考文献[32]中，使用区块链在基于群智感知的实时地图更新中确保奖励的分配。在参考文献[33]中，提出了一个区块链框架，并探索了一个新的设计点，以将公有区块链与群智感知系统联系起来。该文献作者提出了一个框架，用于构建私有的、健壮的且可验证的经区块链授权群智感知系统。它具有开放服务范式，其中区块链节点可以租用其计算资源，以服务于群智感知应用程序，并通过定制和完善的机制来培育健康、经济的生态系统，同时应对数据隐私保护，它具有开放服务范式，其中区块链节点可以租用其计算资源，以服务于群智感知应用程序，并通过定制和完善的机制来培育健康、经济的生态系统，并同时应对数据隐私。在参考文献[34]中，提出了通过考虑差分和失真隐私来最小化参与者的旅行距离，并提出了一种具有地理混淆功能的位置隐私保护任务分配框架，以在任务分配期间保护用户的位置，在不涉及任何第三方可信任实体的情况下，使参与者在两种严格的隐私保护方案的保证下混淆其报告的位置。为了通过差分和失真地理混淆实现最佳任务分配，参考文献[34]提出了一种混合整数非线性规划问题，以在差分和失真隐私的约束下最小化所选的预期出行距离。而且，参加者可能愿意接受多个任务，并且任务组织者可能除了行程距离外还关注多个效用目标，如任务接受率。在此背景下还将解决方案扩展到多任务分配和多目标优化案例。评估结果表明,该框架通过在相同级别下的隐私保护将平均旅行距离减少多达 47%。在参考文献[35]中,利用差分隐私设计了两个基于隐私的拍卖激励机制。在前者中,每个用户都针对其愿意执行的一组任务提交投标;在后者中,每个用户针对其任务集中的每个任务提交出价。两种框架均基于平台定义的评分功能选择用户。作为示例,该作者提出了两个得分函数——线性函数和对数函数,以实现这两个机制。参考文献[35]证明了这两个机制都实现了计算效率、个人理性、真实性、差分隐私和近似的社会成本最小化。此外,这两个机制具有对数得分功能,在社会成本方面都是近似最优的。仿真评估了这两个机制的性能,证明了其虽然保留了社会成本,但仍实现了投标保密性。在参考文献[35]中,针对不信任平台下的移动群智感知中的出价隐私保护问题,提出了一种隐私保护激励机制,以保护用户对平台的真实出价,同时最大限度地降低了获胜者选择的社会成本。为此,不将真正的出价上传到平台,而使用指数机制设计了差分出价混淆功能,该功能可帮助每个用户在本地混淆出价并将混淆的任务投标对提交到平台。具有模糊任务-投标对的获胜者选择问题被描述为整数线性规划问题,并证明是 NP 难的。该文献作者考虑了两种在不同情况下的优化问题,并分别提出了基于匈牙利方法的单次测量解决方案和基于贪婪的多次测量解决方案。所提出的激励机制被证明可以满足 ε-差分隐私、个体理性和 γ-真实性。在现实世界的数据集上进行的广泛实验证明了针对不受信任平台提出的机制的有效性。在参考文献[10]中,考虑到参与者的不同隐私保护需求,现有的隐私保护任务分配机制无法提供个性化的位置隐私保护,提出了一种用于移动群智感知的个性化隐私保护任务分配框架,该框架可以有效地分配任务,同时提供个性化的位置隐私保护。基本思想是每个工作人员将混淆的距离和个人隐私保护水平上传到服务器,而不是其实际位置或到任务的距离。特别是,该文献作者提出了一种概率优胜者选择机制,该机制通过将每个任务分配给与感知位置最接近的参加者,以最大限度地缩短总距离,并减少参与者的混淆信息。此外,该文献作者提出了支付确定机制,通过考虑其真实性、利润性和个人合理性以及获胜者的移动成本和隐私级别来确定向每位获胜者支付的费用。在参考文献[36]中,该作者考虑到在某些情况下,感知数据本身可以用作辅助信息,从而导致违反位置隐私的行为。许多现有的文献采用差分隐私机制或位置隐私保护来解决此问题，但由于每个参加者仅考虑自己的隐私，因此无法有效实现隐私目标。因此，累积的隐私预算将降低所有参加者位置的综合隐私水平。此外，部署差异化隐私对参与者而言成本太高，并且会降低群智感知任务中所需数据的质量。所以提出了一种组差分隐私博弈解决方案，该方案在保护隐私且高效率的同时解决了这些局限性，可以在无须信任实体帮助的情况下实现工人位置和感知数据的不可区分性，同时满足了群智感知任务的准确性要求。在参考文献[37]中，开发了一种基于强化学习的方法，以研究在动态场景下具有不同差分隐私的感知数据的隐私保护群智感知。在参考文献[38]中，考虑到用户对隐私保护的要求可能会随时间变化，这会使具有隐私保护功能的群智感知的设计更加复杂。该文献作者尝试在动态场景下探索具有隐私保护功能的群智感知，开发了一种基于强化学习的方法，该方法被称为马尔可夫决策过程，通过该方法，该平台可以动态调整其定价策略，以适应参与用户不断变化的隐私保护级别。参考文献[97]提出了一种基于拍卖的隐私保护激励机制来感知移动物联网中的任务分配。具体地说，结合软件定义网络的思想，首先提出了一个基于云和边缘协作的群智感知框架，其中云作为控制器，从分布式边缘节点收集感知结果，每个边缘节点将感知任务外包给参与的工作人员。为了激励员工参与，设计了一种基于差分隐私的拍卖机制，每个员工可以利用自己的隐私预算来控制隐私泄露的程度，并通过感知时间来决定感知精度。此外，为了最大限度地发挥群智感知平台的效用，设计了一种基于贪婪的算法来选择中奖者并确定对中奖者的支付费用。参考文献[98]提出了一种基于随机响应的隐私保护群智感知数据收集与分析方法，该方法设计了一种互补的随机响应方法来保证数据的隐私性并保留数据分析的特征。此外，该方法将编码后的资料转换成二进位向量，并利用深度学习架构产生学习网络。与已有的方法相比，通过互补的随机响应和学习到的模型，该方法可以对收集到的客户端字符串进行高效分析。

群智感知中的隐私保护引起了极大的关注。Wang 等人[24]研究了在不可信情况下数据的实时发布，提出了一种基于差分隐私的分布式隐私保护框架，它在用户和不受信任的服务器之间引入新级别的多个代理，用户可以直接选择一个代理并使用匿名连接技术将签到信息上传到该代理,而不必直接将签到信息上传到不受信任的服务器,从而在服务器不被信任的情况下保护用户的隐私。Zhu 等人[23]讨论了一种基于单向哈希的数据隐私保护方案(PARE),在雾计算场景下标记混合网络和数据包并利用基于分组的安全来构建 PARE,以安全地收集用户的报告并在共谋攻击下响应用户的请求。Wang 等人[5]利用 k 匿名在保护用户位置隐私的同时激励用户,选择有效的用户并基于在位置聚合中获得的聚类组来计算合理的补偿,利用激励机制减少数据信息的丢失。Wang 等人[10]提出了一种用于移动群智感知的个性化隐私保护任务分配框架,该框架可以有效地分配任务,同时提供个性化的位置隐私保护。其基本思想是每个工人将混淆的距离和个人隐私级别上传到服务器,而不是其实际位置或到任务的距离。一些研究集中在隐私保护的群智感知中的数据聚合。Wu 等人[59]利用不同区域的雾节点辅助群智感知服务器实现隐私保护任务分配和数据聚合,介绍了一种雾辅助的体系结构,其中部署在不同区域的雾节点可以帮助空间众包服务器以可根据隐私程度调整的方式分发任务和聚合数据。具体而言,Wu 等人提出了一种利用双线性配对和同态加密的、可根据隐私程度调整的任务分配和数据聚合方案。通过有效的数据更新支持代表性的汇总统计信息(如总和、均值、方差和最小值),同时提供强大的隐私保护。安全分析表明,该方案可以实现理想的安全目标。Qiu 等人[60]提出用于多媒体数据参与式感知的 k 匿名隐私保护方案。该方案集成了数据编码技术和消息传输策略,可以在保持较高数据质量的同时,实现对参与者隐私的有力保护。同时,Qiu 等人研究了两种数据传输策略,即见面传输和最小成本传输。对于见面传输,提出了两种不同但互补的算法,包括逼近算法和启发式算法,这取决于需求的不同强度。此外,通过试验,以及使用公开发布的数据集评估其性能,评估结果表明,该方案具有较高的数据质量,并且计算和通信开销较低。Shen 等人在参考文献[61]中提出了一种基于区块链的加密物联网数据的隐私保护支持向量机训练方案,利用区块链技术在多个数据提供商之间构建安全可靠的数据共享平台,对物联网数据进行加密,然后将其记录在分布式账本中,通过使用同态密码系统 Paillier 设计安全的构造块(如安全多项式乘法和安全比较),并构建安全的支持向量机训练算法。该算法仅需一次迭代即可进行两次交互,而无须受信任的第三方。严格的安全性分析证明,该方案可确保每个数据提供者的敏感数据的机密性以及数据分析人员的支持向量机模型参数的机密性。在参考文献[62]中，提出了一种基于区块链的系统，用于具有隐私保护的医学图像检索。首先，描述医学图像检索的典型场景，并总结系统设计中的相应要求。使用新兴的区块链技术，提出了所提出系统的分层架构和威胁模型。为了在有限的存储块中存储大尺寸图像，可以从每个医学图像中捕获经过精心选择的特征向量，并设计定制的交易结构，以保护医学图像和图像特征的隐私，利用区块链实现隐私保护。Liang 等人[63]首先通过深度学习，利用智能设备中的嵌入式传感器推断用户的隐私信息，演示了通过使用一些深度学习技术，可以基于感官数据识别用户在智能设备屏幕上的点击位置。然后，显示了可以收集每种类型的应用程序的点击流配置文件，从而可以准确地推断出用户对应用程序的使用习惯。最后，基于推断出的点击位置信息，可以高精度地推断出用户的应用使用习惯和密码。

但是，尽管这些研究在群智感知的隐私保护、攻击防御、减小系统复杂度等方面都有出色的成果，但这些研究没有考虑如何在群智感知系统中最大化平台的利润，也没有考虑如何在隐私保护的群智感知中进行数据聚合。而且，这些研究没有考虑如何激励参与者参与群智感知，而如果没有足够的激励，参与者可能不愿意提供感知服务。

2.3 群智感知的激励机制

许多研究集中在群智感知的激励机制上，以最大化平台利润或最小化参与者的报酬[1-10]。在参考文献[1]中，通过集成安全性、隐私性、问责制和激励措施提出了一种群群智感知知架构。为了鼓励更多移动设备用户参与移动群智感知应用程序和系统，已经有不少研究者提出了各种基于拍卖的激励机制，但他们都没有同时考虑智能手机用户的出价隐私和社会成本。参考文献[3]中的框架结合了激励、数据聚合和扰动来选择参与者，该激励机制选择的参与者更可能提供可靠的数据，该激励机制同时会补偿其感知和隐私泄露的成本，可生成高度准确的汇总结果，同时其数据扰动机制可确保为参与者的隐私提供令人满意的保护。在参考文献

[4]中，提出了一个框架，该框架通过减少群智感知周期中的投标和分配步骤来增强群智感知应用程序的位置保密性。同时，为了减少不必要的隐私损失，同时保持所需的服务质量，经济学理论被用来帮助服务提供商和参与者确定策略，提出了基于垄断和寡头垄断模型的方案。在前一种情况下，参与者合作以获得对群智感知数据提供的独家控制权，而在后一种情况下，竞争处于有限状态，进而提高整体的位置保密性。在不失一般性的情况下，使用 k 匿名来降低位置隐私公开的风险。通过理论分析和对真实数据和综合数据进行评估后得出的广泛性能，在采用更严格的隐私保护措施的情况下，与传统方法相比，奖励金急剧增加，并且可以进一步减少信息损失。以前的大多数研究在激励机制和隐私保护的协同设计中都假设使用可信赖的聚合中心，最近的研究已采取步骤，放宽了对可信赖的聚合中心的假设，并允许参与用户随机报告其二进制感知数据，在这种情况下，有两个相互矛盾的目标：聚合希望获得更好质量的数据，以实现更高的聚合精度，而用户则更倾向于注入更大的噪声，以获得更高的隐私保护水平。在参考文献[8]中，提出了双重拍卖，以保护投标人的隐私。在参考文献[9]中，提出了一种基于可伸缩分组的隐私保护参与者选择方案，以保护时空群智感知系统中的出价隐私。同时受统一定价和指数机制的启发，该文献作者提出了一种针对群智感知的差分隐私双重拍卖方案，以保护拍卖双方的出价隐私。此外，还保证了传统的经济属性，如诚实守信、个人理性和预算之间的平衡。此外，该文献作者推导了该方案在计算复杂度和近似最佳平台收益方面的封闭表达式并对真实数据集进行了广泛的仿真，以验证所提方案的效率和有效性。

在群智感知中，有效的激励机制可以极大地提高参与者的积极性。在车联网的群智感知环境下，Xiao 等人[39]依靠强化学习和博弈论解决了感知精度和众包感知服务器整体支付之间的权衡问题，分析了车辆网络中的移动群智感知，并将群智感知服务器与感兴趣区域中装有传感器的车辆之间的交互描述为车辆群智感知博弈。每个参与的车辆都基于感知成本、无线电信道状态和预期付款来选择其感知策略，群智感知服务器评估每个感知报告的准确性，并相应地支付车辆费用。对于累积的感知任务和最佳质量的感知任务，都得出了静态车辆群智感知博弈的纳什均衡，表明了感知精度与群智感知服务器的整体支付之间的权衡。在参考文献

[39]中，提出了一种基于Q学习的群智感知支付策略和感知策略，用于动态车辆群智感知博弈，并采用后决策状态学习技术来利用已知的无线信道模型，以加快每辆车的学习速度。并且，进行了基于马尔可夫链信道模型的仿真，以验证所提出的群智感知系统的效率，表明在平均效用、感知精度和车辆能耗方面，其性能均优于基准群智感知系统。Alsheikh等人[21]解决了最佳定价以及以人为本服务的捆绑销售问题，首先从数据分析的角度定义服务质量和隐私级别之间的反相关关系，然后介绍销售独立、补充和替代服务的利润最大化模型，得出最佳隐私级别和订阅费的封闭式解决方案，以使服务提供商的毛利润最大化。对于相互关联的以人为本的服务，参考文献[40]表明，与单独的销售相比，通过互补服务的服务捆绑进行合作是有利可图的，但不利于替代产品，服务捆绑的市场价值与相关服务之间的偶然性程度相关。最后，该文献作者结合了博弈论中的利润共享模型，以在合作服务提供商之间划分捆绑利润。在参考文献[41]中，还考虑了具有多个数据请求者的群智感知系统，提出了一种基于双重拍卖的激励机制，并且能够刺激数据请求者和工人的参与。在实际实践中，CENTURION是一种用于多请求群智感知系统的集成框架，它由上述激励和数据聚合机制组成。CENTURION的激励机制能满足真实性、个人理性、计算效率以及能保证非负社会福利的要求，其数据聚合机制可生成高度准确的聚合结果。同时，在参考文献[41]中，提供了一种双重拍卖机制，以刺激数据请求者发布感知请求，并刺激工作人员参与感知任务，从而实现数据聚合。然而，拍卖机制在群智感知中关注多个任务。对于一个感知任务，通常用博弈论来设计激励机制。Yang等人[42]提出了一个以众包为中心的模型，其中一个激励机制的设计使用了斯坦伯格博弈，在这种机制中，每个用户竞标自己的参与成本，而工作所有者向他选择的感知用户支付费用。Nie等人[43]设计了一种激励机制，通过应用两阶段斯坦伯格博弈，使用后向归纳方法分析了移动用户的参与程度以及群智感知服务提供商的最优激励机制。为了激励参与者，通过考虑来自底层移动社交领域的社交网络效应来设计激励机制。该作者导出了歧视性激励以及统一激励机制的分析表达式。为了适应实际情况，在参考文献[43]中进一步用不完整的信息编写贝叶斯斯坦博格博弈，以分析社会结构信息不确定的群智感知服务提供商与移动用户之间的互动。通过确

定移动用户的最佳响应策略，对贝叶斯斯坦伯格均衡的存在和唯一性进行了分析验证。数值结果证实了以下事实：网络效应显著提高了移动参与水平，并为群智感知服务提供商带来了更大的收入。此外，社会结构信息还可以帮助群智感知服务提供商获得更大的收益。Cao 等人[44]通过使用基于多阶段随机编程的博弈来激励移动用户参与众包感知，设计了一种基于博弈论方法的激励机制，以鼓励“最佳”邻居移动设备共享自己的感知资源。接下来，为了调整移动设备之间的资源，以获得更好的人群反应，参考文献[44]提出了一种基于拍卖的任务迁移算法，该算法可以保证拍卖人公布价格的真实性、个人合理性、获利能力和计算效率。此外，考虑到导致随机连接的移动设备的随机移动，在参考文献[44]中还使用多阶段随机决策来进行后验资源分配，以补偿不准确的预测。数值结果表明，提出的基于多阶段随机规划的分布式博弈理论可用于群智感知的有效性和改进。Zhan 等[45]利用两用户合作博弈、激励数据载体和移动中继用户在移动随机感知中贡献数据收集，提出了一种用于移动随机群智感知数据收集的时间敏感型激励感知机制，其中每个感知数据都有一个随时间变化的附加时间敏感值。在参考文献[45]中专注于移动机会式群智感知中的协作数据收集问题，其中数据收集器与移动用户合作，以将数据发送回请求者。但是，考虑到由于移动用户的私心，在参考文献[45]中使用激励机制来激励移动用户参与数据收集，目的是最大化数据收集者和移动中继用户的奖励，将数据载体和移动中继用户之间的互动描述为两用户合作博弈，采用非对称纳什讨价还价解决方案来获得最佳合作决策和转移支付。然而，这些研究都假设平台和参与者之间的交互有一个特定的模型。Zhan 等人[46]研究了基于深度强化学习的技术。具体来说，首先将问题描述为一个多领导者多跟随者的斯坦伯格博弈，其中感知任务发起者是领导者，用户是跟随者。然后，证明了斯坦伯格平衡的存在。考虑到计算斯坦伯格平衡的挑战，参考文献[46]提出了一种基于深度强化学习的动态激励机制。它使 TI 可以直接从博弈中学习最佳定价策略，而无须了解用户的私人信息。参考文献[46]设计了一种激励机制，通过制订无模型的多领导者多跟随者的斯坦伯格博弈，利用深度强化学习获得任务发起者的最优定价策略。在参考文献[47]中进行了一项关于利用机器学习方法进行网络数据集成的研究，提出了一种基于边缘的网络表示的方向性学习模型，通过网络拓扑学习社交关系，利用标记的数据并根据观察到的方向性模式生成伪标记，将社会关系直接映射到低维嵌入向量。然而，他们都没有考虑到感任务的到来是高度动态且不可预测的这一事实，而且上述须都没有考虑群智感知中的隐私保护问题。

在参考文献[99]中，提出了一种在感知不准确的情况下的最佳群智感知激励措施，以及一种表征感知不准确度对群智感知平台影响的定量分析框架，并解决了涉及感知不准确度的优化问题，以实现平台的最大效用。此外，根据用户是否需要同时执行所有任务，讨论了不可分割的任务和可分割的任务。为了有效地进行群智感知，激励参与者和平台之间的互动。现有方法无法根据用户的喜好来调整用户的出价。为了满足这一需求，在参考文献[100]中设计了一种激励机制，其不仅可以为用户提供个性化的出价，而且可以使社交成本变低、计算效率提高和平台所有者的策略承受力达到最小。但是，由于平台所有者和用户具有内在冲突目标，所以这种设计具有挑战性。为了处理这些冲突，需协调三个逻辑运算，以在表达性、计算复杂性和描述效率之间取得平衡，在3D表达空间中表示出价。目前现有的工作主要集中在优化一个目标函数。然而，一些感知任务与多个目标相关联，因而在参考文献[101]中研究双目标激励机制。具体来说，该文献作者考虑了群智感知系统通过优化完成任务的可靠性和通过感知任务的空间多样性来选择工人的场景。首先建立具有两个优化目标的激励模型，然后基于反向拍卖设计两个在线激励机制。在参考文献[102]中，提出了一种基于反向拍卖的激励机制，该机制考虑了参与者在招募新工人，以及进行反向拍卖和保留现有工人时的潜在贡献。该机制的设计目标是在减少系统成本的同时优化系统中的工人组成。将用户对系统的潜在贡献衡量为用户加入或停留在系统中的程度，以解决在用户经常访问的位置进行任务执行时所需的工人不足问题。

2.4 群智感知隐私保护的激励机制

研究者们已经做了一些工作来激励参与者参与具有隐私保护的群智感知。Jin等人[48]提出了一种激励机制，该机制可以保护每个参与者相对于其他诚实但好奇的参与者的投标隐私。这种设计的动机来自人们的担忧，即参与者的投标通常包含不应泄露的私人信息，所以利用反向组合拍卖来设计激励机制，设计了一种差分隐私的、近似真实的、个体理性和计算有效的机制，该机制可在保证近似比率的情况下最大限度地减少平台的总支付费用。Wang 等[49]为群智感知系统提出了一种具有位置隐私保护的真实激励机制，提出了一种基于信任度和隐私敏感性改进的两阶段拍卖算法，以防止泄露用户的位置信息，通过比较实验，验证了所提出激励机制的有效性，提出的具有位置隐私保护的激励机制可以刺激用户参与感知任务，并有效保护用户的位置隐私。参考文献[50]引入一个考虑激励、数据聚合和扰动的群智感知框架，集激励、数据聚集和数据扰动机制于一体。具体而言，其激励机制选择了更可能提供可靠数据的参加者，并补偿了参与者在感知和隐私泄露方面的成本。其数据聚合机制还结合了参与者的可靠性，以生成高度准确的聚合结果，其数据扰动机制可确保为参与者的隐私提供令人满意的保护，并为最终的扰动结果提供理想的准确性。Li 等人[9]研究了如何在时间和空间动态群智感知系统中保护出价隐私，并且假设了感知任务和参与者都具有在时空范围内的动态特征。参考文献[9]设计了一种基于可伸缩分组的隐私保护参与者选择方案，该方案将把参与者分为多个参与者组，然后通过安全的组投标在组内组织拍卖。通过利用拉格朗日多项式插值法来扰乱参与者在组内的出价，可以保留参与者的出价隐私。此外，由于各组是该平台的常规用户，因此所提出的解决方案不会影响当前群智感知平台的运行。然而，它没有考虑如何最大化平台和参与者的效用。

移动边缘群智感知能够通过普及的移动终端为工业物联网提供大量数据。但是，生成的数据通常包含用户的敏感信息，这表明在工业物联网的数据聚合和分析中保护隐私很重要。移动边缘群智感知中的隐私保护具有相互矛盾的目标，即边缘聚合中心需要更高质量的数据，以实现更高准确性的数据融合，而参与用户希望通过更大的噪声注入来更好地保护隐私。因此，选择适当的噪声来实现准确性与隐私权之间的折中是一个具有挑战性的问题。为了解决这些问题，在参考文献[84]中提出了一种保护隐私的移动边缘群智感知策略。该策略提供了基于假设检验的数据可靠性验证和用户的信誉更新，它们可以协同缓解被篡改数据的影响。

同时，采用强化学习算法来获得最佳测试阈值。理论分析和实验结果表明，与基准策略相比，该策略提供的数据具有更好的聚集精度。参考文献[85]提出的系统模型允许在不损害数据隐私的情况下进行协作式机器学习，因为在联盟内部可交换模型参数，只要不是原始数据即可。但是，参与者与模型所有者之间以及模型所有者之间存在激励失配的两个主要挑战。对于前者，该文献作者在信息不对称下利用合同理论中的自我揭示机制。对于后者，为了通过防止搭便车攻击来确保联盟的稳定性，该作者使用联盟博弈论方法，该方法基于模型所有者的边际贡献来对其进行奖励。考虑到涉及实体的固有层次结构，该文献作者提出了层次激励机制框架。使用向后归纳法，该文献作者首先解决合同制定问题，然后使用合并和拆分算法来解决联盟博弈。数值结果验证了提出的分层激励机制框架的效率，它涉及合同设计的激励兼容性和在稳定联盟形成中模型所有者的公平回报。参考文献[87]提出了一种用于可靠的实时地图更新的安全和隐私保护激励方案。具体地，在服务平台预算有限、车辆用户能力有限的情况下，提出了一种有效的基于反向拍卖的激励机制，可以解决两个核心问题：群智感知服务提供商的支付控制和车辆用户的完成质量。该文献作者同时设计了基于区块链技术的信用管理与支付系统。另外，部分盲签名技术被应用于保证激励机制的安全性并保护车辆使用者的隐私。理论分析和仿真结果均表明，所提出的机制具有近乎最优的收益，可为车辆用户提供公平的回报，为群智感知服务提供商提供合理的预算。在实时地图更新服务中，该机制可以保证计算效率和数据可靠性。在参考文献[89]中，介绍了一种数据支付和传输方案。该方案强调交易的私密性和公平性，它不仅使参与者能够以与他们的行为或身份无关的方式赚取比特币，而且还确保只有在收到适当的付款后才能传送数据。该方案也可以应用于其他使用激励措施来增加用户参与的领域。这样的重要领域之一就是群智感知，个人可以使用智能手机将感知到的数据报告给活动管理员，并从中获得奖励。该方案使用户可以在不损害匿名性的情况下享受参与的好处。安全性分析以及效率分析一起证明了该方案的可行性。参考文献[90]将群智感知中每个群智感知任务的生命周期划分为四个阶段：任务分配、激励、数据收集和数据发布，并为群智感知设计了一个隐私保护框架，以在整个生命周期中保护用户的隐私。参考文献[91]

提出了一种在基于合同的群智感知系统中用于发现真相的个性化隐私保护激励机制，该机制为参与者提供个性化付款，以补偿隐私成本，同时实现准确真相发现。其基本思想是该平台为具有不同隐私偏好的参与者提供了一组不同的合同，并且每个参与者都选择签署一份合同，该合同指定了隐私保护度以及参与者如果受到干扰就会获得相应的款项。具体来说，该文献作者在完全信息模型和不完全信息模型下分别设计了一组最优合同，这些合同可以在给定预算下最大化真相发现的准确性，同时满足个人理性和激励相容性。通过对合成数据集和真实数据集进行的实验，验证了方案的可行性和有效性。参考文献[92]提出了一种用于无人机辅助的群智感知安全联合学习框架。该文献作者首先为无人机引入基于区块链的协作学习架构，以安全地交换本地模型更新并验证结果，而不需要中央监督者。然后，通过应用局部差分隐私，该文献作者设计了一种隐私保护算法，以期望的学习准确性保护无人机更新后的本地模型的隐私。此外，在参考文献[92]中，在没有明确了解网络参数的情况下，也采用了基于强化学习的两级激励机制来促进无人机的高质量模型共享。对该框架进行了仿真，结果验证了所提出的框架可以有效地提高无人机的实用性，促进高质量的模型共享并确保联邦学习中的隐私保护。参考文献[93]提出了一种保护隐私和数据质量的激励机制。具体来说，首先，该文献作者提出数据可靠性估计的零知识模型，该模型可以在评估数据可靠性的同时保护数据隐私。然后，该文献作者根据可靠数据与基本事实之间的偏差来量化数据质量。最后，该文献作者根据任务参与者的数据质量向他们分配奖励。为了证明机制的有效性和效率，该作者在实际数据集中对其进行了评估。评估和分析结果表明，该机制可以防止任务参与者和任务请求者的恶意行为，并且可以实现任务参与者的隐私保护和数据质量测量。参考文献[94]研究了连续数据感知的隐私补偿，同时允许聚合中心直接控制用户，在这种情况下，可获得更高的隐私保护水平。为了在其中保持良好的平衡，该文献作者提出了一种激励机制，以协调聚合中心的聚合准确性和每个用户的数据隐私。具体来说，采用差分隐私概念来量化用户的隐私保护水平，并描述其对聚合中心的聚合准确性的影响。然后，根据合同理论，该文献作者设计了一种激励机制，以在给定预算下最大化聚合中心的聚合准确性。所提出的激励机制为具有不同隐私偏好的用户提供了不同的合同，聚合中心可以直接控制它们。它可以进一步克服信息不对称问题，即聚合中心通常不知道每个用户的精确隐私偏好。在完全信息和不完全信息的情况下，该文献作者都为最优合同提供了封闭形式的解决方案。此外，将结果推广到连续情况，其中用户的隐私偏好在连续域中取值。仿真验证了提出的激励机制的可行性和优势。参考文献[95]在边缘计算的帮助下，提出了一种面向任务的用户选择激励机制，以期在群智感知中建立一个以任务为中心的框架。首先，部署边缘节点，根据感知要求发布感知任务，并从多个维度构造任务向量以最大限度地满足任务要求。同时，感知用户通过构造用户矢量的方式来描述各种感知任务的个性化偏好。此外，通过引入隐私保护余弦相似度计算协议，可以计算出任务向量与用户向量之间的相似度，随后可以根据相似度获得目标用户候选集。另外，考虑到任务预算的约束，边缘节点基于相似度和感知用户的期望奖励的比率来在目标用户候选集中再次执行对感知用户的选择。通过设计一种安全的多方排序协议，并通过模糊紧密度和模糊综合评估方法对其进行增强，确定目标用户集的目的是最大限度地提高任务要求和用户偏好的相似度，同时最大限度地减少边缘节点的费用，并确保选择感知用户的公平性。仿真结果表明，该机制在确保群智感知中感知用户的隐私和安全的同时，实现了可行且有效的用户选择。

第3章
具有隐私保护功能的群智感知在线控制机制研究

由于大规模的用户参与、低成本和广泛的数据源，群智感知作为一种新颖的传感范式已经引起了广泛的关注，在智能交通、环境监测、城市公共管理等方面取代了传统的基于传感器的感知。隐私泄露是一个虽常见但致命的问题，如果平台的感知数据暴露了个人隐私信息甚至导致了恶意攻击，则群智感知参与者可能无法提供数据。此外，对平台而言，考虑感知任务到达的随机性，参与者的动态参与以及任务分配的复杂性仍然是挑战。为此，本章提出了一种在线控制机制，以最大限度地提高平台的利润，同时确保感知系统的系统稳定性并提供个性化的位置隐私保护。本章通过利用 Lyapunov 优化理论，将优化问题转换为队列稳定性问题，并将其进一步分解为三个子问题。通过严格的理论分析，证明了时间平均利润是近似最优的。此外，本章还进行了广泛的仿真，以验证了本章所提机制的优越性。

3.1 研究动机

物联网(IoT)作为新一代信息技术，通过智能感应、识别和普适计算之类的通信技术被广泛使用。随着人们对感知的需求迅速增长，传统的感知技术面临着设备成本高以及传感器大规模集中部署困难之类的问题。如今，内置有强大传感器(包括加速度传感器、温湿度传感器以及麦克风等)的手机、平板电脑和可穿戴设备已得到广泛使用。这些智能设备具有强大的感知和计算功能，可以轻松收集周围环境的信息，从而产生了新兴的感应模式，即群智感知[64]。它的有效性刺激了许多群智感知应用，如环境监测[65]、智能交通[66]和社会感知[67]。

群智感知系统通常包括三层：感知层、传输层和应用层，如图 3.1 所示。在感知层，参与者使用内置传感器（如摄像机、全球定位系统、温湿度传感器等）完成平台分配的感知任务。在传输层，参与者通过不同的网络将感知数据发送到由集中式服务器组成的平台，如蜂窝网络、传感器网络和 Wi-Fi 网络。应用层是指感知平台，它分析并处理参与者返回的感知数据，以构建由不同应用驱动的智能传感系统，如路况检测[68]、空气质量监测[69]、室内定位[70]，等等。

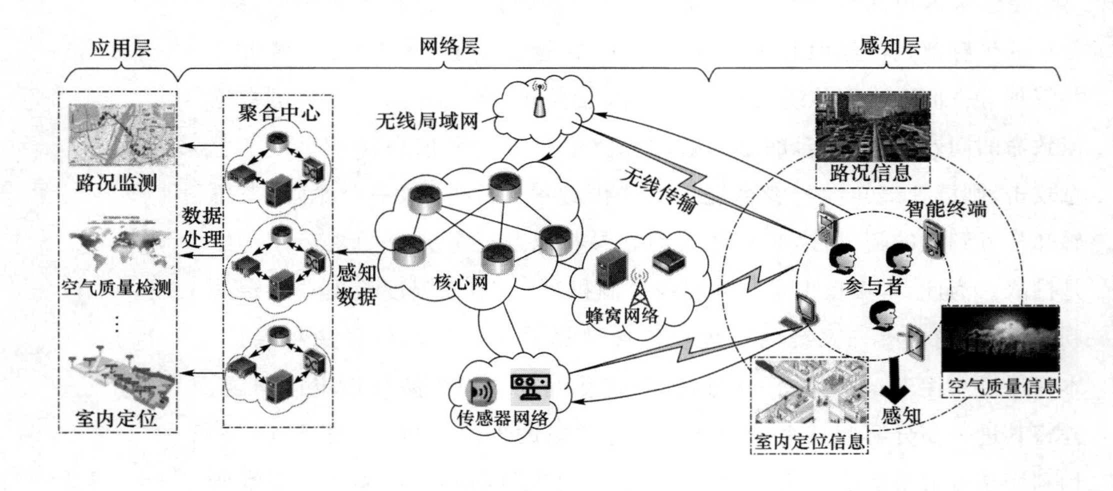

图 3.1 典型的群智感知系统

但是，实施这样的群智感知系统仍然面临着一些挑战。第一，由于存在以下事实：由于到达平台的传感任务的数目是未知的，并且参与者动态地加入和离开平台，因此该平台将确定性控制策略应用于非确定性场景，导致感知效率低下。所以，期望对感知任务和参与者做出自适应决定。第二，每个智能终端的容量（如缓冲区大小）受到限制，这是严重和潜在网络拥塞的根源。如果过多的感知任务进入系统，则平台可能会过载。因此，有必要进行明智的介入控制，以维持系统的稳定性。第三，随着人们更加关注隐私保护，如果平台的感知数据暴露了他们的个人信息甚至导致了恶意攻击,则群智感知参与者可能不会提供数据。因此,还应考虑保护参与者的个人隐私。例如,全球定位系统的传感器和用于收集数据的相机可以显示位置之类的个人信息,如果这些数据使用不当或被秘密泄露,则很容易侵犯个人隐私。与其他传感器网络相比,恶意参与者可以通过控制群智感知中的智能终端进行攻击。因此,在收集数据和个人信息时,可以将感知平台视为不信任的对象,但是,如果参与者采用过强的安全保护策略,则可能无法获得准确的终端数据。最后,该平台需要向参与者支付一定的费用来完成感知任务,因为参与者需要花费一定的成本,包括前往任务点的成本、隐私泄露和资源消耗成本。如果参与者没有得到适当的补偿,他们可能不愿意完成平台分配的感知任务。

为了克服上述挑战,本书提出了一种用于具有隐私保护功能的群智感知系统在线感知控制机制,该机制可以在确保系统稳定性和参与者隐私的同时,最大化平台的利润。更具体地说,首先对由四个模块组成的系统进行建模,即隐私保护模块、接入控制模块、任务分配模块和任务执行模块。然后,将该问题描述为利润最大化问题。使用 Lyapunov 优化理论[71],将原始问题转化为队列稳定性问题,将其进一步分解为三个独立的子问题,包括接入控制、任务分配和任务执行。为了保护参与者的隐私,本书采用了地理差分隐私的定义,在这种定义中,参与者通过向平台添加噪声(而不是真实距离)来报告混淆距离,这是作为参与者前往感知位置的一种补偿。通过严格的理论分析,证明了本章提出的机制可以实现有界队列长度和近似最佳性能。最后,通过比较最新的解决方案,进行了广泛的仿真,以评估所提出机制的性能。

本章的主要内容如下。

- 尝试设计一种在线控制机制,该机制集成了最大化平台的利润、维持系统稳定性以及确保群智感知系统参与者的隐私。与单独设计它们相比,这种集成更具挑战性。
- 利用 Lyapunov 优化理论将优化问题转换为队列稳定性问题,并考虑平台利润和系统稳定性来建立新目标。
- 提出一种距离混淆方案,其中每个参与者通过向平台添加噪声(而不是真实距离)来提交混淆距离,同时实现较高的隐私保护水平和准确的聚合距离。
- 从理论上证明了所提出机制受到感知任务的队列长度和最大平台利润的限制。大量的仿真实验验证了本章所提出机制的有效性。

• 从理论上证明了所提出的机制受到感知任务的队列长度和最大化平台利润的限制。大量的仿真验证了本章提出的机制的有效性。

3.2 系统建模

在本书中考虑的群智感知系统包括一个平台，该平台可以接受一组由 $\mathcal{M}=\{1,\cdots,M\}$ 表示的来自数据请求者的感知任务，并接受一组由 $\mathcal{N}=\{1,\cdots,N\}$ 表示的参与者。数据请求者在时隙 $t\in T=\{1,\cdots,T\}$ 中向平台启动感知任务，该时隙在几分钟到几小时之间，具体取决于感知任务的更新频率。在时隙 t 中，平台将感知任务分配给参与者。参与者完成感知任务后，感知数据将报告给平台。图 3.2 描述了本章的群智感知框架，其中包括隐私保护模块、接入控制模块、任务分配模块和任务执行模块。为了便于说明，表 3.1 列出了主要符号。

表 3.1 主要符号

符号	含义
$\mathcal{M}$	感知任务类型集
$\mathcal{N}$	参与者集
$\Theta_i(t)$	在时隙 t 进入平台的 i 类型任务数量
$\Theta_{ij}(t)$	参与者 j 在 t 中分配的类型为 i 的任务数
$Q_{ij}(t)$	参与者 j 在时隙 t 中类型为 i 的感知任务的队列长度
$H_{ij}(t)$	参与者 j 在时隙 t 中类型为 i 的感知任务的虚拟队列长度
$\Phi_i(t)$	在时隙 t 到达平台的类型为 i 的感知任务数
$\Phi_i^{\max}$	到达平台的类型为 i 的最大感知任务数
$\Psi_{ij}(t)$	参与者 j 在时隙 t 中处理的类型为 i 的感知任务数
$\Psi^{\max}$	所有参与者处理的任何类型的感知任务的最大数量
V	折中因子

3.2.1 隐私保护模块

为了防止隐私泄露，该平台根据参与者报告的混淆距离将感知任务分配给不同的参与者。参与者将噪声添加到实际位置，然后将混淆位置发送到平台。

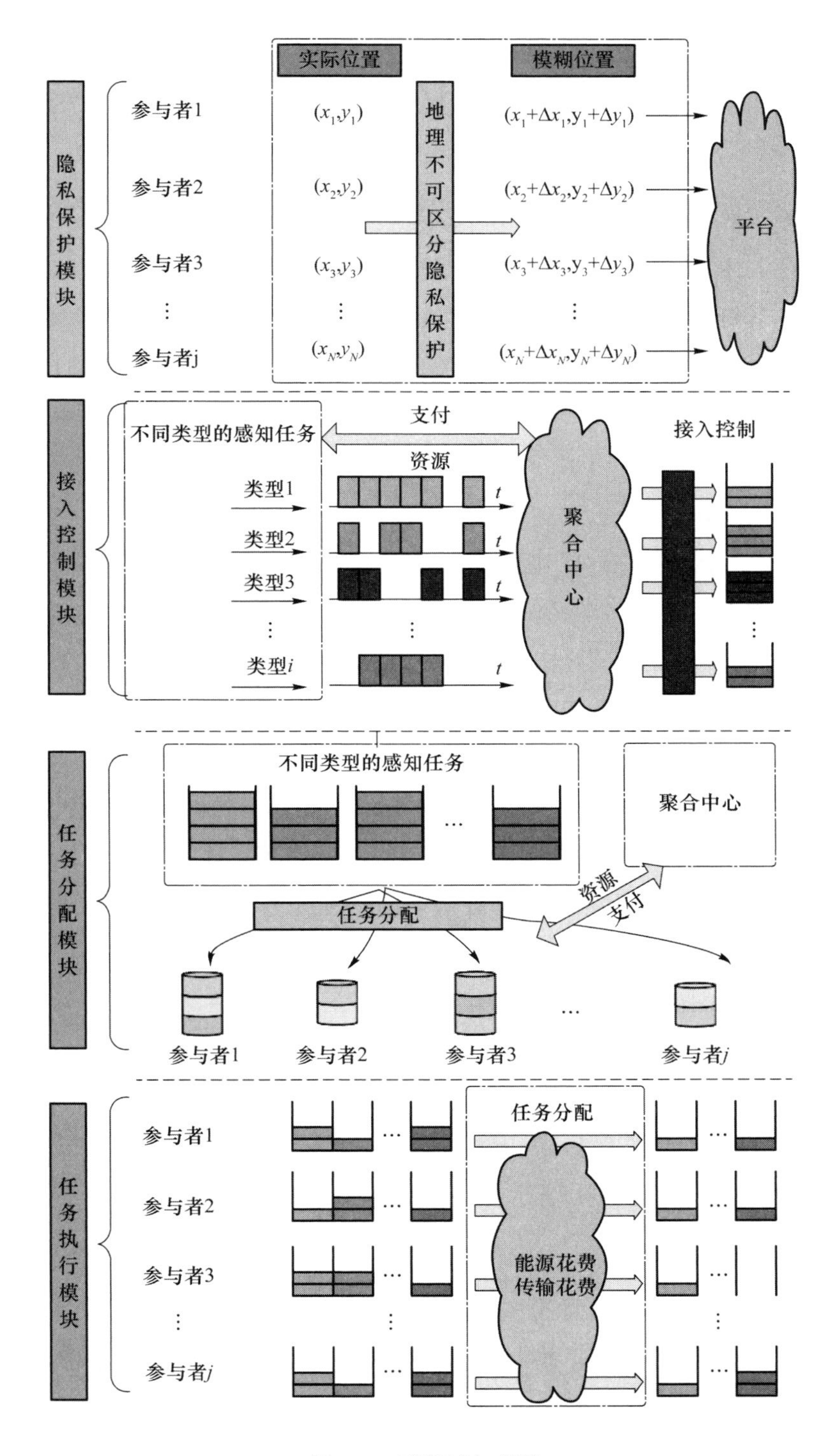

实际位置
模糊位置
隐私保护模块
参与者1
参与者2
参与者3
参与者j
(x_1,y_1)
(x_2,y_2)
(x_3,y_3)
(x_N,y_N)
地理不可区分隐私保护
$(x_1+\Delta x_1,y_1+\Delta y_1)$
$(x_2+\Delta x_2,y_2+\Delta y_2)$
$(x_3+\Delta x_3,y_3+\Delta y_3)$
$(x_N+\Delta x_N,y_N+\Delta y_N)$
平台
接入控制模块
不同类型的感知任务
支付
资源
类型1
类型2
类型3
类型i
t
聚合中心
接入控制
任务分配模块
不同类型的感知任务
聚合中心
资源
支付
任务分配
参与者1
参与者2
参与者3
参与者j
任务执行模块
参与者1
参与者2
参与者3
参与者j
任务分配
能源花费
传输花费

图 3.2 群智感知框架

本节介绍了地理不可区分性，如下所示。

定义 1（ε-地理不可区分性[72]） 对于所有观测值 $S\subseteq Z$，满足 ε-地理不可区分性的机制：

$$\frac{P(S|l)}{P(S|l')}\leqslant e^{\varepsilon r},\quad \forall r>0,\forall l,l':d(l,l')\leqslant r \tag{3.1}$$

其中，$P(S|l)$和 $P(S|l')$分别是报告点 l 和 l'属于集合 S 的概率；Z 是所有可能报告点的集合；$d(l,l')$表示点 l 和 l'之间的欧几里得距离。

地理上的不可区分性源于不同的隐私权[73]。该机制的目的是模糊用户在半径 r 区域内的位置。

ε-地理不可区分性的宽松版本允许以很小的概率 δ 发生实际位置判断错误。

定义 2〔(ε,δ)-地域不可分辨性[72]〕 对于所有观察结果 $S\subseteq Z$，机制都满足(ε,δ)-地理不可区分性：

$$P(S|l)\leqslant P(S|l')e^{\varepsilon r}+\delta,\quad \forall r>0,\forall l,l':d(l,l')\leqslant r \tag{3.2}$$

注意，如果 $\delta=0$ 则$(\varepsilon,0)$地域不可分辨性是 ε-地域不可分辨性。

位置混淆可以防止攻击者推断参与者的实际位置。但是，混淆的位置可能会影响平台引入的任务分配准确性。如果参与者报告的混淆位置与实际位置相距甚远，或者它通过欺骗其当前位置提交了虚假距离，则该平台可能会为参与者分配错误的感知任务。因此，导出实际位置和模糊位置之间的关系很重要。本章定义的距离偏差可以用实际位置和模糊位置之间的距离以及概率来表示。

定义 3〔(d,γ)-距离偏差〕 如果满足以下条件，则机制会达到(d,γ)-距离偏差。

$$P[\overline{d}(l_0,l)\geqslant d]\leqslant\gamma \tag{3.3}$$

其中，$\overline{d}(l_0,l)$是实际位置 l_0 和模糊位置 l 之间的距离。

该定义表明，实际位置和模糊位置之间的模糊距离不小于 d 的概率最大为 γ。从统计角度来看，d 是置信区间，而 γ 是置信度。显然，对于给定的 γ，较小的 d 意味着较小的距离偏差，从而导致更精确的任务分配。注意，在本章的工作中，可以通过应用一些专注于位置欺骗检测的现有工作来避免位置欺骗[74-75]。例如，如果参与者在市区内有足够的基站，则可以利用在参考文献[74]中提出的方法，其中移动设备和基站之间的到达时间信息以及基站的可听性信息被用来检测位置欺骗攻击。如果参与者在基站的区域不足,则可以使用参考文献[75]中的方案。更具体地说,两个移动设备可以通过连接自己激活的 Wi-Fi 热点来相互验证其位置,以共享同一位置。

3.2.2 接入控制模块

当一系列高度动态且不可预测的异构感知任务到达平台时,在每个时隙中,平台都需要确定允许进入系统的任务数量。在时隙 t 中进入系统的 i 类型感知任务的数量为 $\Theta_i(t)$, $\forall i \in \mathcal{M}$。由于感知任务的到达是高度动态的且不可预测的,因此不假设任何关于为 $\Phi_i(t)$ 的概率分布。假设 $\Phi_i(t)$ 为独立同分布,并且与未完成的工作量无关。对于类型 $i \in \mathcal{M}$,将接入系统的类型 i 的感知任务的时间平均数定义为 $\overline{\Theta_i} = \lim\limits_{t \to \infty} \dfrac{1}{t} \sum\limits_{\tau=0}^{t-1} E\{\Theta_i(\tau)\}$。因为对于任何类型的感知任务,准予进入系统的感知任务的时间平均数量都不能超过任务到达的速率,即 $\overline{\Theta_i} \leqslant \overline{\Phi_i}$,而 $\overline{\Phi_i} = \lim\limits_{t \to \infty} \dfrac{1}{t} \sum\limits_{\tau=0}^{t-1} E\{\Phi_i(\tau)\}$。到达平台的类型 i 的最大传感任务的数量为 $\Phi_i^{\max}$,因此,有 $0 \leqslant \overline{\Theta_i} \leqslant \overline{\Phi_i} \leqslant \Phi_i^{\max}$。

3.2.3 任务分配模块

对于类型为 i 的感知任务的数量 $\Theta_i(t)$,当平台执行任务分配控制时需要确定如何为每个参与者分配相应数量的类型为 i 的感知任务。用 $\Theta_{ij}(t)$, $\forall i \in \mathcal{M}$, $\forall j \in \mathcal{N}$ 来表示在时隙 t 中分配给参与者 j 的类型 i 的感知任务数量,需要满足以下约束条件:$\sum\limits_{j \in \mathcal{N}} \Theta_{ij}(t) = \Theta_i(t)$, $\forall i \in \mathcal{M}$。

由于参与者携带的智能手机无法一次完成所有分配的任务,因此每个智能手机中的每个感知任务都被保持在队列中,以指示其正在等待。使用 $Q_{ij}(t)$, $\forall i \in \mathcal{M}$, $\forall j \in \mathcal{N}$ 来指示在时隙 t 中等待参与者 j 处理的类型为 i 的感知任务数量,即感知任务的队列长度。

3.2.4 任务执行模块

不同类型的感知任务可能需要不同的传感器设备或智能手机的其他存储资源，因此不同类型的感知任务可能具有不同的利益并且需要不同的处理时间。在时隙 t 参与者 j 及时处理的类型为 i 的任务数量为 $\Psi_{ij}(t)$，为了防止 $\Psi_{ij}(t)$ 过大，设置上限值 $\Psi^{\max}$，因此有 $\overline{\Psi_{ij}} \leqslant \Psi^{\max} \overline{\Psi_{ij}}$，其中，$\overline{\Psi_{ij}}$ 表示参与者 j 处理的类型为 i 的感知任务的时间平均数，$\Psi^{\max}$ 表示所有参与者处理的任何类型的感知任务数量的上限。

根据以上分析，参加者 j 的队列长度满足以下动态变化：

$$Q_{ij}(t+1)=\max[Q_{ij}(t)-\Psi_{ij}(t),0]+\Theta_{ij}(t) \tag{3.4}$$

其中，$Q_{ij}(0)=0, \forall i \in \mathcal{M}, \forall j \in \mathcal{N}$。在此系统中，如果所有队列都稳定，则系统是稳定的。根据参考文献[71]，系统需要满足以下不等式：

$$\limsup_{t \to \infty} \frac{1}{t} \sum_{\tau=0}^{t-1} E(Q_{ij}(\tau)) < \infty, \quad \forall i \in \mathcal{M}, \forall j \in \mathcal{N} \tag{3.5}$$

3.3 具有隐私保护功能的群智感知在线控制机制设计

3.3.1 利润最大化模型的目标函数

本书的目标是在群智感知系统中最大化平台利润。平台的利润等于其奖励减去成本。奖励来自平台处理的感知任务的好处，而成本是需要提供给参与者的补偿。显然，处理的感知任务越多，平台获得的奖励就越高。类型为 i 的感知任务数量所引入的奖励可以通过以下函数表示：

$$R_i(\overline{\Theta}_i)=\overline{\alpha_i}\,\overline{\Theta}_i \tag{3.6}$$

其中，α_i 是与类型 i 的感知任务相关的正系数，表示通过完成类型 i 的感知任务可获得的奖励。

平台的成本等于所有参与者的报酬，该报酬由补偿参与者从接收感知任务的地点到执行感知任务的地点的费用以及所有参与者都有的并且都相同的利润组成，在这种情况下，所有参与者都被激励去执行感知任务。由于参与者从较远距离行进到感知区域的成本更高，因此平台需要向距离较远的参与者支付更多费用。费用计算式如下：

$$C_{ij}(\overline{d_{ij}},\overline{\Theta_{ij}})=\overline{\beta_{ij}}\ \overline{d_{ij}}\ \overline{\Theta_{ij}} \tag{3.7}$$

其中，β_{ij} 是一个系数；d_{ij} 是类型为 i 的感知任务的时间平均距离，将其定义为 $\overline{d_{ij}}=\lim\limits_{t\to\infty}\frac{1}{t}\sum\limits_{\tau=0}^{t-1}E\{d_{ij}(\tau)\}$。

群智感知系统需要在每个时隙中进行一系列控制决策，包括接入控制、分配控制和执行控制。在式(3.6)所示的系统稳定条件下，平台的时间平均利润最大化如下：

$$\max\sum_{i\in\mathcal{M}}R_i(\overline{\Theta_i})-\sum_{i\in\mathcal{M}}\sum_{j\in\mathcal{N}}C_{ij}(\overline{d_{ij}},\overline{\Theta_{ij}}) \tag{3.8}$$

$$\text{约束}\quad 0\leqslant\overline{\Theta_i}\leqslant\overline{\Phi_i}\leqslant\Phi_i^{\max} \tag{3.9}$$

$$\sum_{j\in\mathcal{N}}\Theta_{ij}(t)=\Theta_i(t) \tag{3.10}$$

$$\overline{\Psi_{ij}}\leqslant\Psi^{\max} \tag{3.11}$$

$$\limsup_{t\to\infty}\frac{1}{t}\sum_{\tau=0}^{t-1}E(Q_{ij}(\tau))<\infty,\quad\forall i\in\mathcal{M},\forall j\in\mathcal{N} \tag{3.12}$$

式(3.9)表示感知任务的接入控制，即允许进入系统的每种类型的感知任务的平均数量不大于到达系统的感知任务的平均数量。式(3.10)表示任务分配控制，即进入系统的每种类型的感知任务的数量等于在时隙 t 中分配给所有参与者的感知任务的数量。式(3.11)表示任务执行控制，即每个参与者处理的每种类型的感知任务的平均数量不能超过上限值。

3.3.2 基于 Lyapunov 优化的问题转化

由于到达平台的感知任务的数量是动态的，因此无法使用传统的离线算法准确地计算最佳值。结合以上分析，通过一种基于 Lyapunov 优化理论的在线控制机制来解决上述问题。

为了满足不等式(3.11)，对参与者 j 使用虚拟队列 H_{ij}，其感应类型为 i。队列长度可以表示如下：

$$H_{ij}(t+1)=\max[H_{ij}(t)-\Psi^{\max},0]+\Psi_{ij}(t) \tag{3.13}$$

引理 1 当虚拟队列 H_{ij} 稳定时，不等式(3.11)被满足。

证明:根据式(3.13)中虚拟队列的更新,建立了以下不等式:

$$H_{ij}(t+1) \geqslant H_{ij}(t) - \Psi^{\max} + \Psi_{ij}(t) \tag{3.14}$$

总结 $t \in \{0,1,\cdots,t-1\}$,不等式的两边同时除以 t,可以得到

$$\frac{H_{ij}(t) - H_{ij}(0)}{t} + \Psi^{\max} \geqslant \frac{1}{t}\sum_{\tau=0}^{t-1}\Psi_{ij}(\tau) \tag{3.15}$$

其中,$H_{ij}(0)=0$。同时不等式(3.15)的两边取期望,并且让 t 为无穷大。然后

$$\lim_{t\to\infty}\frac{E\{H_{ij}(t)\}}{t} + \Psi^{\max} \geqslant \overline{\Psi_{ij}} \tag{3.16}$$

同时,如果虚拟队列稳定,则 $\lim_{t\to\infty}\frac{E\{H_{ij}(t)\}}{t}=0$,因此 $\overline{\Psi_{ij}} \leqslant \Psi^{\max}$,即不等式(3.11)被满足。因此,证明了引理 1。

然后,定义一个 Lyapunov 函数,如下所示:

$$L(t) \triangleq \frac{1}{2}\sum_{i\in\mathcal{M}}\sum_{j\in\mathcal{N}}[Q_{ij}^2(t) + H_{ij}^2(t)] \tag{3.17}$$

上面的 Lyapunov 函数反映了感知任务队列和虚拟队列的长度。如果 Lyapunov 函数的值较小,则队列长度较小,系统会更稳定。将 $Q(t)=(Q_{ij}(t),H_{ij}(t))$ 表示为感知任务队列和虚拟队列的向量。引入一个单时隙条件 Lyapunov 漂移,它表示从一个时隙到另一个时隙的 Lyapunov 函数的变化,如下所示:

$$\Delta(t) \triangleq E[L(t+1) - L(t)] \tag{3.18}$$

根据 Lyapunov 优化理论,如果将 $\Delta(t)$ 最小化,则可以确保 $Q(t)$ 和 $H(t)$ 的系统是稳定的,这满足了式(3.12)中的约束。这里的期望是消除感知任务到达的任意性,同时需要使平台获得最大的利润,这就是最大化问题(3.8)。因此,提供以下功能:

$$\Delta(t) \triangleq \Delta(t) - VE\left[\sum_{i\in\mathcal{M}}R_i(\overline{\Theta_i}) - \sum_{i\in\mathcal{M}}\sum_{j\in\mathcal{N}}C_{ij}(\overline{d_{ij}},\overline{\Theta_{ij}})\right] \tag{3.19}$$

与漂移加罚函数[71]类似,上述函数称为漂移减益函数。降低方程式(3.19)等价于减少 $\Delta(t)$ 并增加 $E\left[\sum_{i\in\mathcal{M}}R_i(\overline{\Theta_i}) - \sum_{i\in\mathcal{M}}\sum_{j\in\mathcal{N}}C_{ij}(\overline{d_{ij}},\overline{\Theta_{ij}})\right]$,即平台是盈利的,而系统是稳定。$V \geqslant 0$ 是一个权衡因素,代表着对利润最大化和系统稳定性的重视程度。

引理 2　在时隙 t 中,对于满足式(3.9)~(3.12)约束的任何可行控制决策,得出以下结论:

$$\Delta(t)-VE\Big\{\sum_{i\in\mathcal{M}}R_i(\overline{\Theta_i})-\sum_{i\in\mathcal{M}}\sum_{j\in\mathcal{N}}C_{ij}(\overline{d_{ij}},\overline{\Theta_{ij}})\Big\}\leqslant C-$$

$$\sum_{i\in\mathcal{M}}E\Big\{V\alpha_i(t)\Theta_i(t)-\sum_{j\in\mathcal{N}}\{[V\beta_{ij}(t)d_{ij}(t)+Q_{ij}(t)]\Theta_{ij}(t)+\quad(3.20)$$

$$H_{ij}(t)\Psi^{\max}+[Q_{ij}(t)-H_{ij}(t)]\Psi_{ij}(t)\}\Big\}\quad(3.21)$$

其中，$C=\dfrac{3\mid N\mid\sum_{i\in\mathcal{M}}(\Phi_i^{\max})^2+\mid\mathcal{M}\mid\mid\mathcal{N}\mid(\Psi^{\max})^2}{2}$是有限常数参数。从上面的不等式可以看出，漂移-利润函数的最小化只需要使不等式的右边最小化。

证明：将式(3.4)的两边取平方，有

$$Q_{ij}(t+1)^2=\{\max[(Q_{ij}(t)-\Psi_{ij}(t)),0]+\Theta_{ij}(t)\}^2\quad(3.22)$$

根据

$$\{\max[(Q_{ij}(t)-\Psi_{ij}(t)),0]+\Theta_{ij}(t)\}^2\leqslant Q_{ij}(t)^2+\Psi_{ij}(t)^2+$$

$$\Theta_{ij}(t)^2-2Q_{ij}(t)(\Psi_{ij}(t)-\Theta_{ij}(t)),Q_{ij}(t)\geqslant0,\Psi_{ij}(t)\geqslant0,$$

$$\Theta_{ij}(t)\geqslant0,\Psi_{ij}(t)\leqslant\Theta_{ij}(t)\leqslant\Phi_i(t)\leqslant\Phi_i^{\max}\quad(3.23)$$

有

$$Q_{ij}(t+1)^2\leqslant Q_{ij}(t)^2+\Psi_{ij}(t)^2+\Theta_{ij}(t)^2n-2Q_{ij}(t)[\Psi_{ij}(t)-\Theta_{ij}(t)]$$

$$\leqslant Q_{ij}(t)^2+2(\Phi_i^{\max})^2-2Q_{ij}(t)[\Psi_{ij}(t)-\Theta_{ij}(t)]\quad(3.24)$$

之后

$$Q_{ij}(t+1)^2-Q_{ij}(t)^2\leqslant2(\Phi_i^{\max})^2-2Q_{ij}(t)[\Psi_{ij}(t)-\Theta_{ij}(t)]\quad(3.25)$$

同样，

$$H_{ij}(t+1)^2\leqslant H_{ij}(t)^2+(\Psi^{\max})^2+\Psi_{ij}(t)^2-2H_{ij}(t)[\Psi^{\max}-\Psi_{ij}(t)]$$

$$\leqslant H_{ij}(t)^2+(\Psi^{\max})^2+(\Phi_i^{\max})^2-2H_{ij}(t)[\Psi^{\max}-\Psi_{ij}(t)]\quad(3.26)$$

之后

$$H_{ij}(t+1)^2-H_{ij}(t)^2\leqslant(\Psi^{\max})^2+(\Phi_i^{\max})^2-2H_{ij}(t)[\Psi^{\max}-\Psi_{ij}(t)]$$

(3.27)

因此有

$$\frac{1}{2}\{Q_{ij}(t+1)^2-[Q_{ij}(t)]^2+[H_{ij}(t+1)^2-H_{ij}(t)^2]\}$$

$$\leqslant\frac{3(\Phi_i^{\max})^2+(\Psi^{\max})^2}{2}-Q_{ij}(t)[\Psi_{ij}(t)-\Theta_{ij}(t)]-H_{ij}(t)[\Psi^{\max}-\Psi_{ij}(t)]$$

(3.28)

根据式(3.17)和式(3.18)，等式从两侧减去 $VE\left\{\sum_{i\in\mathcal{M}}R_i(\overline{\Theta_i})-\sum_{i\in\mathcal{M}}\sum_{j\in\mathcal{N}}C_{ij}(\overline{d_{ij}},\overline{\Theta_{ij}})\right\}$，则得到

$$\Delta(t)-VE\left\{\sum_{i\in\mathcal{M}}R_i(\overline{\Theta_i})-\sum_{i\in\mathcal{M}}\sum_{j\in\mathcal{N}}C_{ij}(\overline{d_{ij}},\overline{\Theta_{ij}})\leqslant C-\right.$$
$$\sum_{i\in\mathcal{M}}E\{V\alpha_i(t)\Theta_i(t)-\sum_{j\in\mathcal{N}}\{[V\beta_{ij}(t)d_{ij}(t)+Q_{ij}(t)]\Theta_{ij}(t)-$$
$$H_{ij}(t)\Psi^{\max}+[Q_{ij}(t)-H_{ij}(t)]\Psi_{ij}(t)\}\}\tag{3.29}$$

其中 $C=\dfrac{3\mid\mathcal{N}\mid\sum_{i\in\mathcal{M}}(\Phi_i^{\max})^2+\mid\mathcal{M}\mid\mid\mathcal{N}\mid(\Psi^{\max})^2}{2}$。因此，证明了引理 2。

3.3.3 具有隐私保护功能的群智感知在线控制机制

本书中的在线控制机制是减少漂移-利润函数的上限，即增加引理 2 中的式(3.20)和式(3.21)。在每个时隙中，本书提出的在线控制机制可以进行隐私保护、接入控制、任务分配，通过将问题(3.8)分解为三个子问题来执行任务。然后证明了本章的在线控制机制可以使平台的利润接近最优值，同时也可以保证系统的稳定性。

1. 隐私保护算法

由于从参与者到感知任务的距离与参与者的位置有关，因此提出基于二维拉普拉斯分布对参与者的位置进行模糊处理。二维拉普拉斯分布的概率密度函数(PDF)由式(3.30)给出：

$$f(x,y)=\frac{b^2}{2\pi}\mathrm{e}^{-b\sqrt{x^2+y^2}}\tag{3.30}$$

根据 ε-地理不可区分性的定义，如果以下不等式(3.31)成立，本章的隐私保护算法将满足 ε-地理不可区分性。

$$\frac{\mathrm{e}^{-b\sqrt{x^2+y^2}}}{\mathrm{e}^{-b\sqrt{(x+\Delta x)^2+(y+\Delta y)^2}}}\leqslant\mathrm{e}^{\varepsilon}\tag{3.31}$$

有

$$b(\sqrt{(x+\Delta x)^2+(y+\Delta y)^2}-\sqrt{x^2+y^2})$$
$$=b(\sqrt{x^2+y^2+\Delta x^2+\Delta y^2+2(\Delta x\cdot x+\Delta y\cdot y)}-\sqrt{x^2+y^2})\leqslant\varepsilon\tag{3.32}$$

根据柯西不等式，为了实现 ε-地理不可区分，可以将不等式(3.32)进一步

转换为

$$\begin{aligned}&\sqrt{x^2+y^2+\Delta x^2+\Delta y^2+2\Delta x\cdot x+2\Delta y\cdot y}-\sqrt{x^2+y^2}\\&\leqslant\sqrt{x^2+y^2}+\sqrt{\Delta x^2+\Delta y^2+2\Delta x\cdot x+2\Delta y\cdot y}-\sqrt{x^2+y^2}\\&=\sqrt{\Delta x^2+\Delta y^2+2\Delta x\cdot x+2\Delta y\cdot y}\leqslant\frac{\varepsilon}{b}\end{aligned}\tag{3.33}$$

此外,不等式(3.33)可以进一步转换为

$$\begin{aligned}&\Delta x^2+\Delta y^2+2\Delta x\cdot x+2\Delta y\cdot y\\&\leqslant\Delta x^2+\Delta y^2+\sqrt{(x^2+y^2)(\Delta x^2+\Delta y^2)}\\&\leqslant\left(\frac{\varepsilon}{b}\right)^2\end{aligned}\tag{3.34}$$

根据 ε-地域不可分辨性的定义 $\sqrt{(\Delta x)^2+(\Delta y)^2}\leqslant r$,有

$$r^2+\sqrt{(x^2+y^2)r}\leqslant\left(\frac{\varepsilon}{b}\right)^2\tag{3.35}$$

因此有

$$\sqrt{x^2+y^2}\leqslant\frac{\varepsilon^2}{2b^2r}-\frac{r}{2}\tag{3.36}$$

引理 3 本书的隐私保护算法可实现(ε,δ)-地理不可区分性,即 $P\left[\sqrt{x^2+y^2}\geqslant\frac{\varepsilon^2}{2b^2r}-\frac{r}{2}\right]<\delta$,如果

$$b\leqslant\frac{\frac{1}{\delta e-1}+\sqrt{\frac{1}{(\delta e-1)^2}+\varepsilon^2}}{r}\tag{3.37}$$

证明:$f(x,y)=\frac{b^2}{2\pi}e^{-b\sqrt{x^2+y^2}}$ 可转换为极坐标形式 $f(r,\theta)=\frac{b^2}{2\pi}re^{-br}$,让 $c=\frac{\varepsilon^2}{2b^2r_1}-\frac{r_1}{2}$ 并且

$$\begin{aligned}&P\left[\sqrt{x^2+y^2}\geqslant\frac{c^2}{2b^2r_1}-\frac{r_1}{2}\right]\\&=P[\sqrt{x^2+y^2}\geqslant c]\\&=\int_C^{+\infty}\int_0^{2\pi}\frac{br}{2\pi}e^{-br}\,d\theta dr\\&=(1+bc)e^{-bc}\end{aligned}\tag{3.38}$$

定义 $f(x)=(1+x)e^{-x}$,其中 $x=bc$。由于 $f(x)$ 是单调递减函数,因此有 $(1+bc)e^{-bc}\leqslant 1$。此外,有 $(1+bc)e^{-bc}\leqslant\frac{e^{-1}(1+bc)}{bc}$。

为了实现 ε -地理不可区分，根据柯西不等式，可以将以上公式转换为

$$(1+bc)\mathrm{e}^{-bc}\leqslant\frac{\mathrm{e}^{-1}(1+bc)}{bc}\leqslant\delta \tag{3.39}$$

那么

$$bc=\frac{\varepsilon^2}{2br}-\frac{bc}{2}\geqslant\frac{1}{\delta\mathrm{e}-1} \tag{3.40}$$

$$r^2b^2-\frac{2r}{\delta\mathrm{e}-1}b-\varepsilon^2\leqslant 0 \tag{3.41}$$

因此，有

$$b\leqslant\frac{\frac{1}{\delta\mathrm{e}-1}+\sqrt{\frac{1}{(\delta\mathrm{e}-1)^2}+\varepsilon^2}}{r} \tag{3.42}$$

因此，证明了引理 3。

定理 1 在给定的距离偏差(即 $P[\overline{d}(l_0,l)\geqslant d]\leqslant\gamma$)下，本书的隐私保护算法所达到的最大容许距离为

$$d^*=\frac{r}{(\gamma\mathrm{e}-1)\left[\frac{1}{\delta\mathrm{e}-1}+\sqrt{\frac{1}{(\delta\mathrm{e}-1)^2}+(\varepsilon^*)^2}\right]} \tag{3.43}$$

证明：注意，$P[\overline{d}(l_0,l)\geqslant d]$。因此，可以通过累积分布函数 $F(r)$ 计算概率：

$$F(r)=\int_0^r f(\rho)\mathrm{d}\rho=1-(1+br)\mathrm{e}^{-br} \tag{3.44}$$

$$P[\overline{d}(l_0,l)\geqslant d]=1-F(d)=(1+bd)\mathrm{e}^{-bd}\leqslant\gamma \tag{3.45}$$

与式(3.38)类似，有

$$(1+bd)\mathrm{e}^{-bd}\leqslant\frac{\mathrm{e}^{-1}(1+bd)}{bd}\leqslant\gamma \tag{3.46}$$

较小的 ε 可以实现更高的隐私级别，从式(3.42)可以看到，较小的 ε 可以达到 b 的较小下限。有

$$b=\frac{\frac{1}{\delta\mathrm{e}-1}+\sqrt{\frac{1}{(\delta\mathrm{e}-1)^2}+(\varepsilon^*)^2}}{r} \tag{3.47}$$

其中，ε^* 是最小的 ε。

与式(3.38)类似，$(1+bd)\mathrm{e}^{-bd}$ 是单调递减，因此为了获得最大的容许距离，设置

$$\frac{e^{-1}(1+bd^{*})}{bd^{*}}=\gamma \tag{3.48}$$

结合式(3.47)和(3.48)，有

$$d^{*}=\frac{r}{(\gamma e-1)\left[\frac{1}{\delta e-1}+\sqrt{\frac{1}{(\delta e-1)^{2}}+(\varepsilon)^{*2}}\right]} \tag{3.49}$$

因此，证明了定理 1。

在每个时隙中，一个参与者可能会收到多个相同类型的传感任务，但是，这些感知任务可能位于不同的位置，参与者可能具有不同的隐私保护水平。然后，得出参与者隐私与距离聚合准确性之间的定量关系，如下所示。

定义 4〔(λ,η)-距离汇总错误〕 如果满足以下条件，则保护隐私的任务分配会达到(λ,η)-距离聚合误差：

$$P[|\tilde{d}-d|\geqslant\lambda]\leqslant 1-\eta \tag{3.50}$$

其中$\tilde{d}$是总距离。

引理 4 对于给定的置信度 $\eta\leqslant 1$，提出的感知机制任何类型的任务的距离聚合误差 λ 由式(3.51)给出：

$$\lambda=\frac{\sqrt{6}}{K\sqrt{1-\eta}}\sqrt{\frac{\sum_{k=1}^{K}}{\left[\frac{\frac{1}{\delta e-1}+\sqrt{\frac{1}{(\delta e-1)^{2}}+\varepsilon_{k}^{2}}}{r}\right]^{2}}} \tag{3.51}$$

其中 K 是任何类型的感知任务的数量。

证明：根据定义 $P[|\tilde{d}-d|\geqslant\lambda]\leqslant 1-\eta$，有

$$\tilde{d}-d=\frac{1}{K}\sum_{k=1}^{K}(d_{k}+n_{k})-\frac{1}{K}\sum_{k=1}^{K}d_{k}=\frac{1}{K}\sum_{k=1}^{K}n_{k} \tag{3.52}$$

其中 n_k 是遵循二维拉普拉斯分布的噪声，其 PDF 为 $f(r,\theta)=\frac{b^{2}}{2\pi}re^{-br}$，与角度 θ 无关，因此可以得出 $f(r)=\int_{0}^{2\pi}f(r,\theta)\mathrm{d}\theta=b^{2}re^{-br}$。

考虑到分布 x 在一条直线上，则 PDF 为 $f(x)=\frac{1}{2}b|x|e^{-bx}$，$x\in(-\infty,+\infty)$，$E[x]=\int_{-\infty}^{+\infty}xf(x)=0$，$\mathrm{Var}[x]=\int_{-\infty}^{+\infty}x^{2}f(x)=2\int_{0}^{+\infty}x^{2}\frac{1}{2}b^{2}xe^{-bx}\mathrm{d}x=\int_{0}^{+\infty}b^{2}x^{3}e^{-bx}\mathrm{d}x=3b\int_{0}^{+\infty}x^{2}e^{-bx}\mathrm{d}x=-6\int_{0}^{+\infty}xe^{-bx}\mathrm{d}x=$

$\frac{6}{b}\int_0^{+\infty}\mathrm{e}^{-bx}\mathrm{d}x=\frac{6}{b^2}$。

对于 $\frac{1}{K}\sum_{k=1}^{K}n_k$，有 $E\left[\frac{1}{K}\sum_{k=1}^{K}n_k\right]=0$ 和 $\mathrm{Var}\left[\frac{1}{K}\sum_{k=1}^{K}n_k\right]=\frac{6}{K^2}\sum_{k=1}^{K}\frac{1}{b_k^2}$。

根据切比雪夫不等式，有

$$P[\tilde{d}-d\mid\geqslant\lambda]\leqslant\frac{6}{\lambda^2K^2}\sum_{k=1}^{K}\frac{1}{b_k^2}\tag{3.53}$$

与 $P[|\tilde{d}-d|\geqslant\lambda]\leqslant 1-\eta$ 比较，有

$$\lambda=\frac{\sqrt{6}}{K\sqrt{1-\eta}}\sqrt{\sum_{k=1}^{K}\frac{1}{b_k^2}}\tag{3.54}$$

从先前的分析中可以知道，如果获得了最高的隐私保护，有 $b_k=\frac{\frac{1}{\delta\mathrm{e}-1}+\sqrt{\frac{1}{(\delta\mathrm{e}-1)^2}+{\varepsilon_k}^2}}{r}$，因此有

$$\lambda=\frac{\sqrt{6}}{K\sqrt{1-\eta}}\sqrt{\frac{\sum_{k=1}^{K}}{\left[\frac{\frac{1}{\delta\mathrm{e}-1}+\sqrt{\frac{1}{(\delta\mathrm{e}-1)^2}+{\varepsilon_k}^2}}{r}\right]^2}}\tag{3.55}$$

因此，证明了引理4。

式(3.51)表明，当参与者采用较低的隐私保护水平（即较大的 ε_k）时，总距离误差会减小。式(3.51)还表明，平台和参与者有相互冲突的目标，即平台希望参与者采用较低的隐私保护水平以减少聚合距离误差，但参与者希望采用较高的隐私保护水平以更好地保护其隐私。

2. 接入控制和任务分配算法

通过使问题(3.8)最大化来实现接入控制 $\Theta_i(t)$ 和任务分配 $\Theta_{ij}(t)$。可以选择 $\Theta_i(t)$ 和 $\Theta_{ij}(t)$ 来满足以下子问题：

$$\max_{\Theta_i(t),\Theta_{ij}(t)}V\alpha_i(t)\Theta_i(t)-\sum_{j\in\mathcal{N}}\{[V\beta_{ij}(t)d_{ij}(t)+Q_{ij}(t)]\Theta_{ij}(t)\}\tag{3.56}$$

$$\text{约束}\quad 0\leqslant\Theta_i(t)\leqslant\Phi_i(t)\tag{3.57}$$

$$\sum_{j\in\mathcal{N}}\Theta_{ij}(t)=\Theta_i(t),\quad\forall i\in\mathcal{M},\forall j\in\mathcal{N}\tag{3.58}$$

对于上述子问题，同时考虑 $\Theta_i(t)$ 和 $\Theta_{ij}(t)$ 很复杂，因此可以通过假设预先给出 $\Theta_i(t)$ 来简化子问题，然后可以将子问题(3.56)重写为

$$\min \sum_{j \in \mathcal{N}} \{[V\beta_{ij}(t)d_{ij}(t) + Q_{ij}(t)]\Theta_{ij}(t)\} \tag{3.59}$$

$$\text{约束} \quad 0 \leqslant \Theta_i(t) \leqslant \Phi_i(t), \forall i \in \mathcal{M} \tag{3.60}$$

观察子问题(3.59),发现 $\Theta_{ij}(t)$ 由参与者 j 的类型为 i 的感知任务的队列长度以及参与者 j 到任务的距离加权。因此,类型为 i 的感知任务的最佳任务分配是将所有感知任务分配给队列长度和距离的总和最小的参与者,其表达式如下:

$$\Theta_{ij}(t) = \begin{cases} \Theta_i(t), & \text{如果 } j = j_i^* \\ 0, & \text{其他} \end{cases} \tag{3.61}$$

其中 $j_i^* = \arg\min_{j \in \mathcal{N}}[V\beta_{ij}(t)d_{ij}(t) + Q_{ij}(t)]$。

根据任务分配如方程式(3.61),可以将子问题(3.56)重写为

$$\max_{\Theta_i(t)} V\alpha_i(t)\Theta_i(t) - [V\beta_{ij^*}(t)d_{ij^*}(t) + Q_{ij^*}(t)]\Theta_i(t) \tag{3.62}$$

$$\text{约束} \quad 0 \leqslant \Theta_i(t) \leqslant \Phi_i(t), \quad \forall i \in \mathcal{M}, \tag{3.63}$$

其最佳解决方案是

$$\Theta_i(t) = \begin{cases} \Phi_i(t), & V\alpha_i(t) > V\beta_{ij^*}(t)d_{ij^*}(t) + Q_{ij^*}(t) \\ 0, & \text{其他} \end{cases} \tag{3.64}$$

式(3.64)可以看作是基于阈值的选择策略。对于类型为 i 的感知任务,如果队列长度和距离的最小总和小于阈值,则允许所有感知任务进入平台,这样可以增加群智感知系统的吞吐量。否则,如果队列长度和距离的最小总和超过阈值,则感知任务将不会进入平台,以维持系统稳定。接入控制算法显示在算法 3-1 中。算法 3-2 显示了任务分配算法。

算法 3-1:接入控制算法

输入:权衡因子 V,系数 $\alpha_i(t)$、$\beta_{ij}(t)$,参与者 j 与类型为 i 的感知任务的距离 $d_{ij}(t)$,参与者 j 的类型为 i 的感知任务的队列长度 $Q_{ij}(t)$,到达系统的类型为 i 的感知任务的数量 $\Phi_i(t)$。

输出:进入系统的类型为 i 的感知任务的数量 $\Phi_i(t)$。

1. 对于 $i \in \mathcal{M}$,如果 $V\alpha_i(t) > V\beta_{ij^*}(t)d_{ij^*}(t) + Q_{ij^*}(t)$,其中 $j_i^* = \arg\min_{j \in \mathcal{N}}[V\beta_{ij}(t)d_{ij}(t) + Q_{ij}(t)]$,那么返回 $\Phi_i(t)$;

2. 否则,返回 0。

算法 3-2:任务分配算法

输入:权衡因子 V、系数 $\beta_{ij}(t)$、参与者 j 到类型为 i 的感知任务的距

离 $d_{ij}(t)$、参与者 j 的类型为 i 的感知任务的队列长度 $Q_{ij}(t)$、进入系统的类型为 i 的感知任务的数量 $\Phi_i(t)$。

输出：分配给参与者 j 的类型为 i 的感知任务的数量 Θ_{ij}。

1. 对于 $i\in\mathcal{M}$，如果 $j=j_i^*$，$j_i^*=\arg\min\limits_{j\in\mathcal{N}}[V\beta_{ij}(t)d_{ij}(t)+Q_{ij}(t)]$，则返回 $\Theta_i(t)$；

2. 否则，返回 0。

3. 任务执行算法

将感知任务分配给参与者后，需要控制参与者处理的任务数量。在漂移减去利润函数中，可以最大化方程式(3.21)，最小化漂移-收益-利润函数的上限。因此，可以选择 $\Psi_{ij}(t)$来满足以下子问题：

$$\max H_{ij}(t)\Psi^{\max}+[Q_{ij}(t)-H_{ij}(t)]\Psi_{ij}(t) \tag{3.65}$$

其中 $H_{ij}(t)$和 $\Psi^{\max}$是常数。因此需要最大化$[Q_{ij}(t)-H_{ij}(t)]\Psi_{ij}(t)$，$\Psi_{ij}(t)$的最大值是分配给参与者 j 的感知任务数量。因此，子问题(3.65)的最佳解决方案是

$$\Psi_{ij}(t)=\begin{cases}\Theta_{ij}(t), & \text{如果 } Q_{ij}(t)\geqslant H_{ij}(t)\\ 0, & \text{如果 } Q_{ij}(t)<H_{ij}(t)\end{cases} \tag{3.66}$$

当 $Q_{ij}(t)\geqslant H_{ij}(t)$时，参与者 j 处理尽可能多的感知任务；当 $Q_{ij}(t)<H_{ij}(t)$时，参与者 j 不处理感知任务。

算法 3-3：任务执行算法

输入：参与者 j 的类型为 i 的感知任务的队列长度 $Q_{ij}(t)$、虚拟队列的长度 $H_{ij}(t)$、分配给参与者 j 的类型为 i 的感知任务的数量 Θ_{ij}。

输出：$\Psi_{ij}(t)$。

1. 对于 $i\in\mathcal{M}$，如果 $Q_{ij}(t)\geqslant H_{ij}(t)$，则返回 $Q_{ij}(t)$；

2. 否则，返回 0。

4. 队列更新

最后，更新感知任务队列。感知任务队列 $Q_{ij}(t)$根据在式(3.61)和(3.66)中计算的 $\Theta_{ij}(t)$和 $\Psi_{ij}(t)$的最优值进行更新。本章提出的在线控制机制如图 3.3 所示。

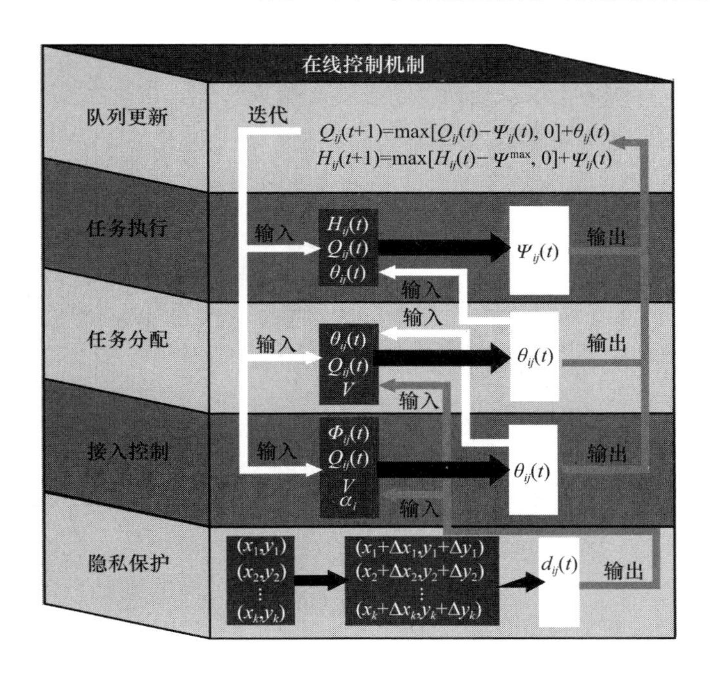

图 3.3 在线控制机制

3.3.4 最优性和收敛性分析

为了分析提出的机制的性能，有以下定理。

定理 2 对于任何感知任务($\Phi_1(t)$,$\Phi_2(t)$,…,$\Phi_{|\mathcal{M}|}(t)$)的到达，通过提出的在线控制机制，得出以下结论。

(1) 在任何时隙中，感知任务队列具有以下不等式：

$$\sum_{i\in\mathcal{M}}\sum_{j\in\mathcal{N}}[Q_{ij}(t)+H_{ij}(t)]$$

$$\leqslant C+\frac{V}{\varepsilon}\Big[\sum_{i\in\mathcal{M}}(R_i^*-R_i)-\sum_{i\in\mathcal{M}}\sum_{j\in\mathcal{N}}(C_{ij}^*-C_{ij})\Big] \quad (3.67)$$

其中 R_i^* 和 C_{ij}^* 是利润最大化问题的最优利润。

(2)其中时间平均利润与最大利润之间的差异以$\frac{C}{V}$为界，即

$$\sum_{i\in\mathcal{M}}R_i^*-\sum_{i\in\mathcal{M}}\sum_{j\in\mathcal{N}}C_{ij}^*-\Big[\sum_{i\in\mathcal{M}}R_i(\overline{\Theta_i})-\sum_{i\in\mathcal{M}}\sum_{j\in\mathcal{N}}C_{ij}(\overline{d_{ij}},\overline{\Theta_{ij}})\Big]\leqslant\frac{C}{V} \quad (3.68)$$

证明：通过引理 2 中的漂移减去利润函数，可以得到以下不等式：

$$\Delta(t) \leqslant C - E\left\{\sum_{i\in\mathcal{M}}\sum_{j\in\mathcal{N}} Q_{ij}(t)[\Psi_{ij}(t) - \Theta_{ij}(t)]\right\} - E\left\{\sum_{i\in\mathcal{M}}\sum_{j\in\mathcal{N}} H_{ij}(t)[\Psi^{\max} - \Psi_{ij}(t)]\right\} \tag{3.69}$$

它遵循

$$\begin{aligned}&\Delta(t) - VE\left\{\sum_{i\in\mathcal{M}} R_i(\overline{\Theta_i}) - \sum_{i\in\mathcal{M}}\sum_{j\in\mathcal{N}} C_{ij}(\overline{d_{ij}},\overline{\Theta_{ij}})\right\}\\ &\leqslant C - VE\left\{\sum_{i\in\mathcal{M}} R_i(\overline{\Theta_i}) - \sum_{i\in\mathcal{M}}\sum_{j\in\mathcal{N}} C_{ij}(\overline{d_{ij}},\overline{\Theta_{ij}})\right\} - \\ &\quad E\left\{\sum_{i\in\mathcal{M}}\sum_{j\in\mathcal{N}} Q_{ij}(t)[\Psi_{ij}(t) - \Theta_{ij}(t)]\right\} - \\ &\quad E\left\{\sum_{i\in\mathcal{M}}\sum_{j\in\mathcal{N}} H_{ij}(t)[\Psi^{\max} - \Psi_{ij}(t)]\right\}\end{aligned} \tag{3.70}$$

假设当以下两个不等式成立时,可获得最优利润 $\sum_{i\in\mathcal{M}} R_i^* - \sum_{i\in\mathcal{M}}\sum_{j\in\mathcal{N}} C_{ij}^*$,

$$E\{\Psi_{ij}(t) - \Theta_{ij}(t)\} \geqslant \varepsilon \tag{3.71}$$

$$E\{\Psi^{\max} - \Psi_{ij}(t)\} \geqslant \varepsilon \tag{3.72}$$

其中 $\varepsilon > 0$,因此有

$$\begin{aligned}&\Delta(t) - VE\left\{\sum_{i\in\mathcal{M}} R_i(\overline{\Theta_i}) - \sum_{i\in\mathcal{M}}\sum_{j\in\mathcal{N}} C_{ij}(\overline{d_{ij}},\overline{\Theta_{ij}})\right\}\\ &\leqslant C - VE\left\{\sum_{i\in\mathcal{M}} R_i^* - \sum_{i\in\mathcal{M}}\sum_{j\in\mathcal{N}} C_{ij}^*\right\} - \\ &\quad \varepsilon E\left\{\sum_{i\in\mathcal{M}}\sum_{j\in\mathcal{N}} [Q_{ij}(t) + H_{ij}(t)]\right\}\end{aligned} \tag{3.73}$$

通过总结不等式(3.73)上的 $t \in \{0,1,\cdots,\infty\}$,可以获得

$$\begin{aligned}&\lim_{t\to\infty}\{E[\Delta(t)] - E[\Delta(0)]\} - \\ &V\lim_{t\to\infty}\sum_{\tau=0}^{t-1} E\left\{\sum_{i\in\mathcal{M}} R_i(\overline{\Theta_i}) - \sum_{i\in\mathcal{M}}\sum_{j\in\mathcal{N}} C_{ij}(\overline{d_{ij}},\overline{\Theta_{ij}})\right\}\\ &\leqslant \lim_{t\to\infty} tC - \lim_{t\to\infty} tVE\left\{\sum_{i\in\mathcal{M}} R_i^* - \sum_{i\in\mathcal{M}}\sum_{j\in\mathcal{N}} C_{ij}^*\right\} - \\ &\quad \varepsilon\lim_{t\to\infty}\sum_{\tau=0}^{t-1} E\left\{\sum_{i\in\mathcal{M}}\sum_{j\in\mathcal{N}} [Q_{ij}(t) + H_{ij}(t)]\right\}\end{aligned} \tag{3.74}$$

重新排列不等式(3.74),由于已知 $\lim_{t\to\infty}\frac{E[\Delta(0)]}{Vt} = \lim_{t\to\infty}\frac{E[\Delta(t)]}{Vt} = 0$,所以

$$\begin{aligned}&\sum_{i\in\mathcal{M}} R_i(\overline{\Theta_i}) - \sum_{i\in\mathcal{M}}\sum_{j\in\mathcal{N}} C_{ij}(\overline{d_{ij}},\overline{\Theta_{ij}})\\ &\geqslant \sum_{i\in\mathcal{M}} R_i^* - \sum_{i\in\mathcal{M}}\sum_{j\in\mathcal{N}} C_{ij}^* - \frac{C}{V}\end{aligned} \tag{3.75}$$

并且

$$\sum_{i\in\mathcal{M}}\sum_{j\in\mathcal{N}} [Q_{ij}(t) + H_{ij}(t)]$$

$$\leqslant C+\frac{V}{\varepsilon}\Big[\sum_{i\in\mathcal{M}}(R_i^*-R_i)-\sum_{i\in\mathcal{M}}\sum_{j\in\mathcal{N}}(C_{ij}^*-C_{ij})\Big] \tag{3.76}$$

因此,证明了定理 2。

结论(1)说明所有感知任务队列都以 $O(V)$ 为边界,从而保证了系统的稳定性。结论(2)证明了时间平均利润与最大利润之间的差为 $O\left(\frac{1}{V}\right)$。定理 2 显示了平台利润与系统稳定性之间的权衡。更具体地说,增加 V 可使通过本章提出的在线控制机制获得的利润接近最佳值,但同时可能导致更长的队列长度,从而影响系统的稳定性。

本章提出的在线控制机制的收敛性如下所示。

定理 3 如果本章建议的在线控制机制以概率 1(w. p. 1)保证以下不等式:

$$\begin{aligned}&\Delta(t)-VE\Big\{\sum_{i\in\mathcal{M}}R_i(\Theta_i(t))-\sum_{i\in\mathcal{M}}\sum_{j\in\mathcal{N}}C_{ij}(d_{ij}(t),\Theta_{ij}(t))\Big\}\\&\leqslant C-VE\Big\{\sum_{i\in\mathcal{M}}R_i^*-\sum_{i\in\mathcal{M}}\sum_{j\in\mathcal{N}}C_{ij}^*\Big\}-\\&\quad\varepsilon E\Big\{\sum_{i\in\mathcal{M}}\sum_{j\in\mathcal{N}}[Q_{ij}(t)+H_{ij}(t)]\Big\}\end{aligned} \tag{3.77}$$

其中,$\varepsilon>0$,$E\Big\{\sum_{i\in\mathcal{M}}R_i^*-\sum_{i\in\mathcal{M}}\sum_{j\in\mathcal{N}}C_{ij}^*\Big\}$ 是利润最大化问题的最优利润,则有

$$\begin{aligned}&\limsup_{t\to\infty}\frac{1}{t}\Big[\sum_{\tau=0}^{t-1}\sum_{i\in\mathcal{M}}R_i(\Theta_i(t))-\sum_{i\in\mathcal{M}}\sum_{j\in\mathcal{N}}C_{ij}(d_{ij}(t),\Theta_{ij}(t))\Big]\\&\geqslant\Big[\sum_{i\in\mathcal{M}}R_i^*-\sum_{i\in\mathcal{M}}\sum_{j\in\mathcal{N}}C_{ij}^*\Big]-\frac{C}{V}(\text{w. p. 1})\end{aligned} \tag{3.78}$$

$$\begin{aligned}&\limsup_{t\to\infty}\frac{1}{t}\sum_{\tau=0}^{t-1}\sum_{i\in\mathcal{M}}\sum_{j\in\mathcal{N}}[Q_{ij}(t)+H_{ij}(t)]\\&\leqslant C+\frac{V}{\varepsilon}\Big\{\sum_{i\in\mathcal{M}}[R_i^*-R_i]-\sum_{i\in\mathcal{M}}\sum_{j\in\mathcal{N}}[C_{ij}^*-C_{ij}]\Big\}(\text{w}\cdot\text{p. 1})\end{aligned} \tag{3.79}$$

证明:定义一个随机过程:

$$\begin{aligned}X(t)=\Delta(t)-V\Big\{\sum_{i\in\mathcal{M}}R_i(\Theta_i(t))-\sum_{i\in\mathcal{M}}\sum_{j\in\mathcal{N}}C_{ij}(d_{ij}(t),\Theta_{ij}(t))\Big\}+\\\sum_{j\in\mathcal{N}}\sum_{i\in\mathcal{M}}[Q_{ij}(t)+H_{ij}(t)]\end{aligned} \tag{3.80}$$

然后可以得到

$$\begin{aligned}X^2(t)\leqslant 4[\Delta(t)]^2+4\Big\{V\Big[\sum_{i\in\mathcal{M}}R_i(\Theta_i(t))-\sum_{i\in\mathcal{M}}\sum_{j\in\mathcal{N}}C_{ij}(d_{ij}(t),\Theta_{ij}(t))\Big]\Big\}^2+\\4\Big\{\sum_{j\in\mathcal{N}}\sum_{i\in\mathcal{M}}[Q_{ij}(t)+H_{ij}(t)]\Big\}^2\end{aligned} \tag{3.81}$$

接下来，定义另一个随机过程：$\hat{X}(t) = X(t) - E[X(t)]$，得出 $\sum_{t=0}^{\infty} \frac{E[X(t)^2]}{t^2} \leqslant \infty$ 和 $\sum_{t=0}^{\infty} \frac{E[\hat{X}(t)^2]}{t^2} \leqslant \infty$。根据大数定律，可以得到以下等式：

$$\lim_{t\to\infty} \frac{1}{t} \sum_{\tau=0}^{t-1} \hat{X}(\tau) = 0(\text{w. p. }1) \tag{3.82}$$

根据不等式(3.77)，可以得出 $E[X(t)] \leqslant C - VE\{\sum_{i\in\mathcal{M}} R_i^* - \sum_{i\in\mathcal{M}} \sum_{j\in\mathcal{N}} C_{ij}^*\}$。由于 $X(t) = \hat{X}(t) + E[X(t)]$，因此可以得出

$$\limsup_{t\to\infty} \frac{1}{t} \sum_{\tau=0}^{t-1} X(\tau) \leqslant C - V\Big(\sum_{i\in\mathcal{M}} R_i^* - \sum_{i\in\mathcal{M}} \sum_{j\in\mathcal{N}} C_{ij}^*\Big) \tag{3.83}$$

然后有

$$-\frac{1}{V} \limsup_{t\to\infty} \frac{1}{t} \sum_{\tau=0}^{t-1} X(\tau) \geqslant \Big[\sum_{i\in\mathcal{M}} R_i^* - \sum_{i\in\mathcal{M}} \sum_{j\in\mathcal{N}} C_{ij}^*\Big] - \frac{C}{V} \tag{3.84}$$

根据式(3.80)，

$$X(t) \geqslant -V\Big\{\sum_{i\in\mathcal{M}} R_i(\Theta_i(t)) - \sum_{i\in\mathcal{M}} \sum_{j\in\mathcal{N}} C_{ij}(d_{ij}(t), \Theta_{ij}(t))\Big\} \tag{3.85}$$

然后有

$$\begin{aligned} &\limsup_{t\to\infty} \frac{1}{t} \Big[\sum_{\tau=0}^{t-1} \sum_{i\in\mathcal{M}} R_i(\Theta_i(t)) - \sum_{i\in\mathcal{M}} \sum_{j\in\mathcal{N}} C_{ij}(d_{ij}(t), \Theta_{ij}(t))\Big] \\ &\geqslant -\frac{1}{V} \limsup_{t\to\infty} \frac{1}{t} \sum_{\tau=0}^{t-1} X(\tau) \end{aligned} \tag{3.86}$$

结合不等式(3.84)和(3.86)，可以得出不等式(3.78)(w. p. 1)。同样，定义

$$Y(t) = \Delta(t) + \sum_{i\in\mathcal{M}} \sum_{j\in\mathcal{N}} [Q_{ij}(t) + H_{ij}(t)] \tag{3.87}$$

通过重复以上证明，可以推导(w. p. 1)和不等式(3.79)。因此，证明了定理 3。

3.4 性能评估

本书所提机制的性能评估已通过仿真完成，这些仿真旨在与其他现有解决方案进行比较，并在真实情况和随机移动模型下观察所提机制的

性能。本章的目标是在保持群智感知系统稳定的同时获得最大的利润。本章对以下指标进行性能评估:平台的时间平均利润和感知任务队列的时间平均长度。本章将提出的机制 COMP 与包括 Greedy 在内的不同机制进行了比较,其中:Greedy 表示平台允许尽可能多的感知任务,并且感知任务的分配与本章提出的机制相同;Average 表示感知任务无须接入控制即可进入平台,但感知任务平均分配给每个参与者。

3.4.1 在真实数据集下的性能

本章已经进行了大规模仿真,以观察提出的机制在真实数据集下的性能。数据集是从五个不同地点收集的[14,76],描述了在 KAIST 中由 $|\mathcal{N}|=92$ 名参与者组成的活动轨迹,这些参与者构成了 92 条轨迹。每个参与者的真实位置是参与者轨迹的起点,并且感知区域位于原始点,如图 3.4 所示。从[1,5]中随机选择参与者 j 对类型 i 的感知任务的隐私保护水平,即 ϵ_{ij}。从[6,9]中随机选择类型为 i 的感知任务的奖励系数,即 α_i。从[1,5]中随机选择参与者 j 的类型 i 的传感任务的成本系数,即 β_{ij}。到达平台的感知任务类型 i 的最大数量(即 $\Phi_i^{\max}$)随机分布在[120,240]上。类型为 i 的感知任务到达平台的数量随机分布在$[0,\Phi_i^{\max}]$上。将每个仿真设置运行 1 000 次,取平均结果。

图 3.5 表示出了在不同时隙中不同机制的性能。从图 3.5(a)可以看出,随着时间的增加,在所有机制下队列长度都会增加。本章提出的机制的最短队列长度归因于平台控制访问系统的感知任务数量,因此,在所有机制中,我们提出的机制的队列的感知任务的机会是最低的。Average 队列的长度比 Greedy 队列的长度长是因为感知任务平均分配给了参与者,而没有考虑参与者的能力和现有的队列长度。如图 3.5(b)所示,所有机制下的利润都是稳定的。在 Average 和 Greedy 下利润能稳定是因为将尽可能多的感知任务接纳到平台中,导致队列拥塞,处理的感知任务的数量受到限制。但是,在 COMP 下利润能稳定归因于队列长度接近上限。

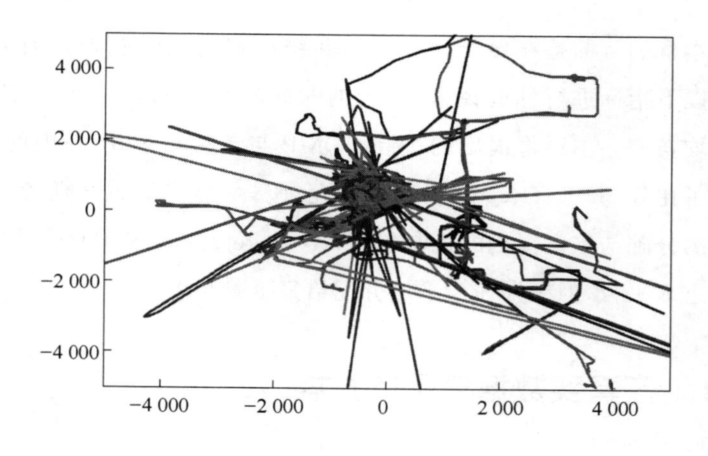

图 3.4 参加者的轨迹

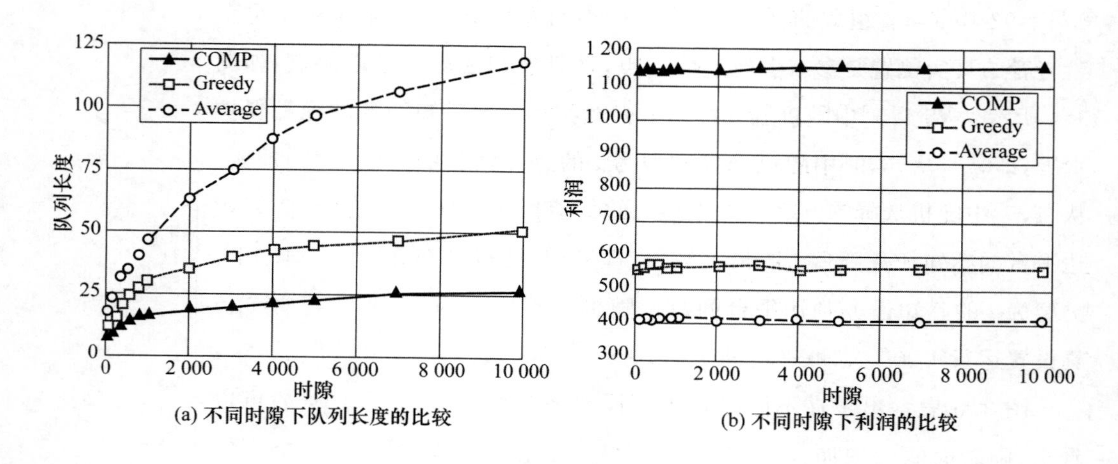

图 3.5 在不同时隙下不同机制的性能

图 3.6 表示 $\Psi^{\max}$ 的倍数对系统性能的影响。随着 $\Psi^{\max}$ 的增加，到达平台的感测任务的数量自然增加，这解释了为什么在图 3.6(a)和图 3.6(b)中所有机制下的队列长度和利润都增加了。

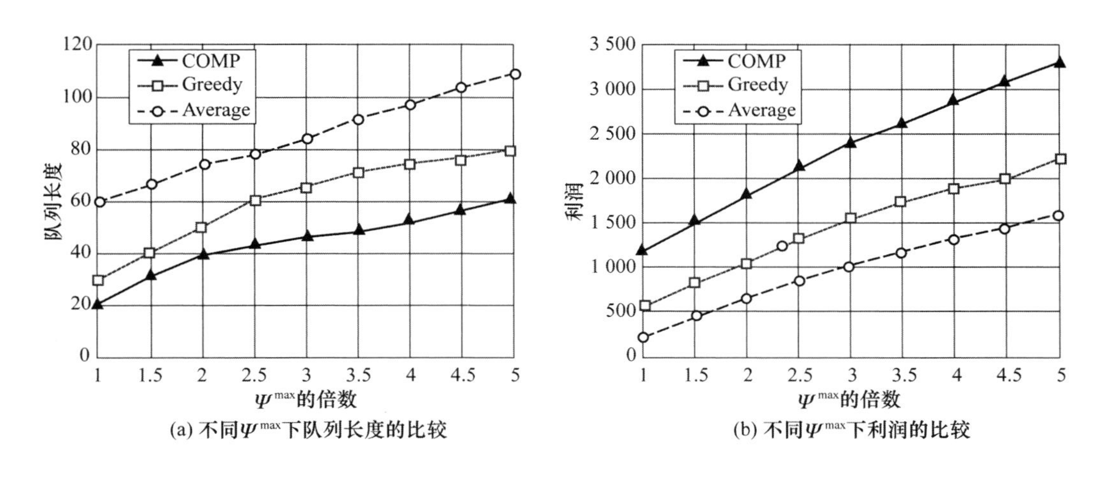

图 3.6 Ψ^{max}的倍数对系统性能的影响

为了评估提出的机制在队列长度和利润方面的性能，改变了权衡因子 V。V 对队列长度的影响在图 3.7(a)中示出。可以看到，随着 V 的增加，队列长度也增加。这是因为，根据式(3.19)，对利润设置了更大的权重，而在漂移减去利润函数中忽略了系统的稳定性，导致更多的感知任务进入系统，因此队列长度增加。接入的更多感知任务会使队列长度更长并且经常变化。这解释了为什么队列长度的标准差随 V 的增加而增加，如图 3.7(b)所示。还从图 3.7(c)观察到，随着 V 的增加，平台的利润增加，并最终保持稳定。这是因为随着 V 的增加，系统将更加关注获得利润。当 V 保持较大时，利润接近最优值。因为利润是由排队长度决定的，这将影响利润的稳定性。如图 3.7(d)所示，随着 V 的增加，标准差也增加了。当利润接近最优值时，利润的标准差是稳定的。因此，通过调整 V，可以改变系统稳定性和平台利润之间的关系，本书的仿真结果与定理 2 一致。

3.4.2 在随机流动模型下的性能

除了来自现实世界的数据集外，本书还使用随机移动模型在相对受限的空间中进行了仿真，该空间大小为 20×20，并且参与者密度难以变化，因此很难在轨迹中获得。

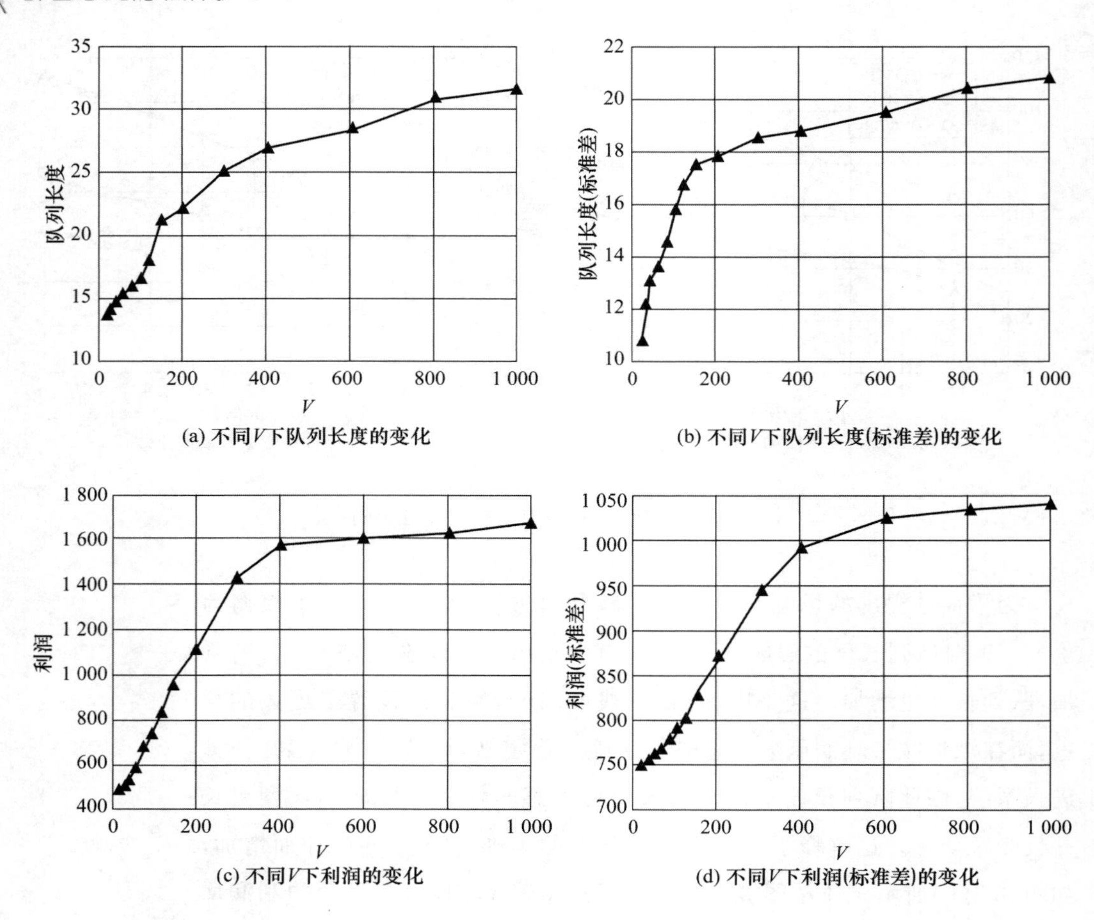

图 3.7 在不同 V 下各性能的变化

参与者数量对各性能的影响如图 3.8 所示。COMP 实现了最高的利润,其次是 Greedy 和 Average。这是因为 COMP 充分利用了行进距离和现有队列长度。参与者数量的增加导致可以处理更多分配的感知任务,从而带来更高的利润。但是,当参与者的数量足够多时,它足以完成所有允许的感知任务,因此在图 3.8(a)中观察到,所有机制下的队列长度都是稳定的。同时,当参与者人数足够多时,将处理所有接入的感知任务。这就解释了为什么所有机制下的利润最终都是稳定的,如图 3.8(b)所示。

如图 3.9(a)所示,随着参与者数量的增加,更多的感知任务被允许进入系统,从而导致更长的队列长度。但是,当参与者的数量足够大时,所有到达的感知任务都已处理。因此,队列长度是稳定的。更多的参与者导致更多的感知任务进入平台,这进一步使队列长度更长并且经常变化。

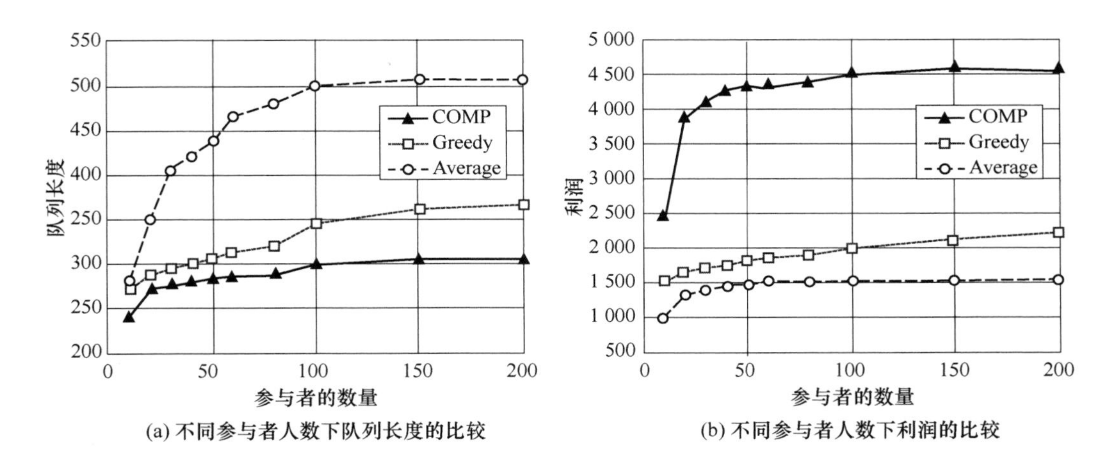

(a) 不同参与者人数下队列长度的比较

(b) 不同参与者人数下利润的比较

图 3.8 参与者数量对各性能的影响

这解释了为什么当参与者数量增加时，队列长度的标准差会增加，如图 3.9(b)所示。类似地，如图 3.9(c)所示，随着参与者数量的增加，将处理更多允许进入平台的感知任务，从而带来更高的利润。当参与者的数量更大时，无须处理其他感知任务，因此，利润保持不变。如图 3.9(d)所示，更多的参与者可以完成更多的感知任务，从而导致更长的队列和频繁的更改，从而使利润的标准差增加。当参与者人数更多时，利润是稳定的，因此利润的标准差是稳定的。

图 3.10 描述了对感知任务类型数量的影响。可以在图 3.10(a)中看到，随着感知任务类型数量的增加，在所有机制下队列长度都增加了。这是因为更多的感知任务类型允许它们接受更多的感知任务，从而增加了队列长度。同时，随着各种感知任务类型的数量增加，所有机制下的利润也随之增加。

图 3.11 显示了在不同隐私级别 ε 和固定 δ 下 d 与 γ 的关系，可以看出，d 随着 γ 的增加而减小。也就是说，随着置信度的提高，在给定的位置混淆度(即地理不可区分性)下，最大容忍距离减小。因此，对于感知区域较小的应用(如收集用户日常饮食地点的应用)，可以增加 γ 以获得更准确的位置。图 3.12 说明了在不同隐私级别 ε 和固定 δ 下 λ 和 η 的关系。可以看到，随着 η 的增加，λ 也会增加。这意味着，当置信度增加时，在给定的地理不可区分性下，距离聚合误差会增加。类似地，如果任务的感知区域相对较大(如空气污染感应)，可以通过增加 η 来放宽距离聚合误差的要求。

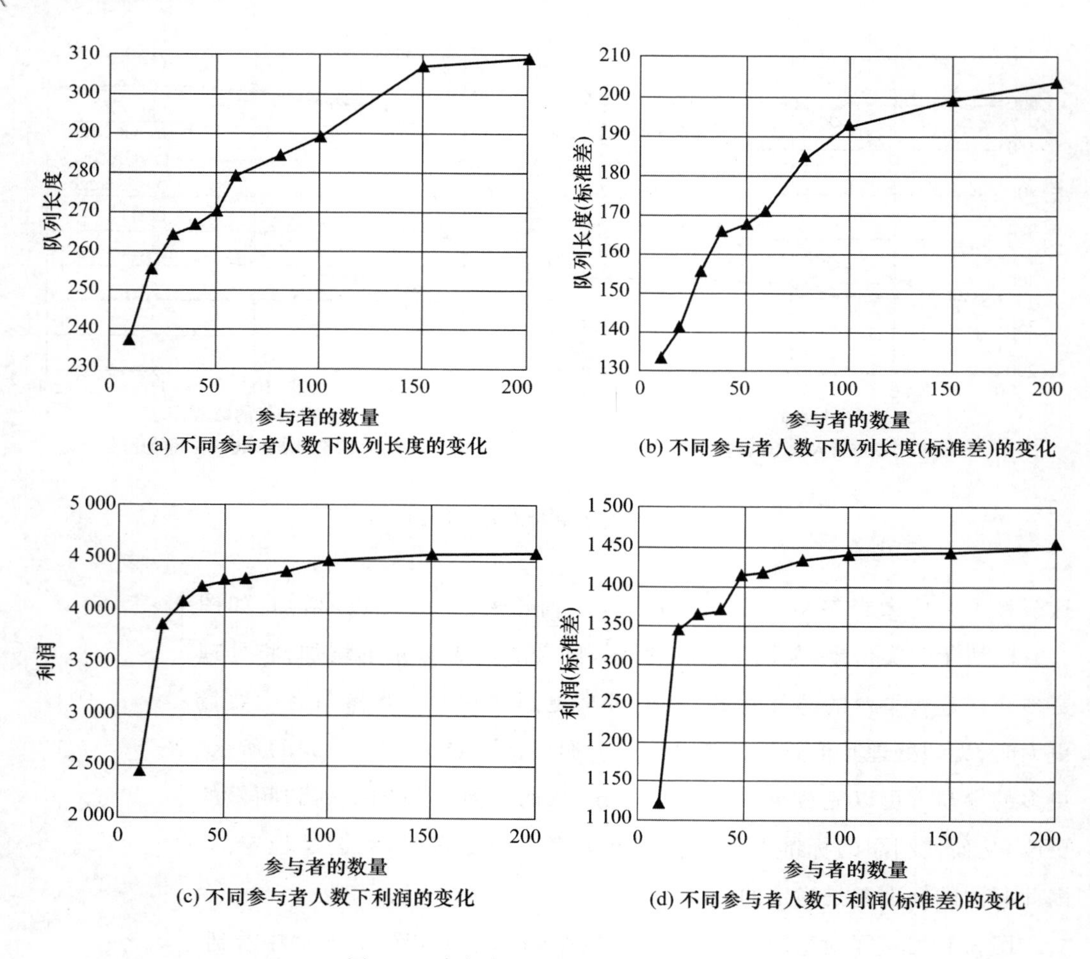

(a) 不同参与者人数下队列长度的变化

(b) 不同参与者人数下队列长度(标准差)的变化

(c) 不同参与者人数下利润的变化

(d) 不同参与者人数下利润(标准差)的变化

图 3.9 参与者的变化对各性能的影响

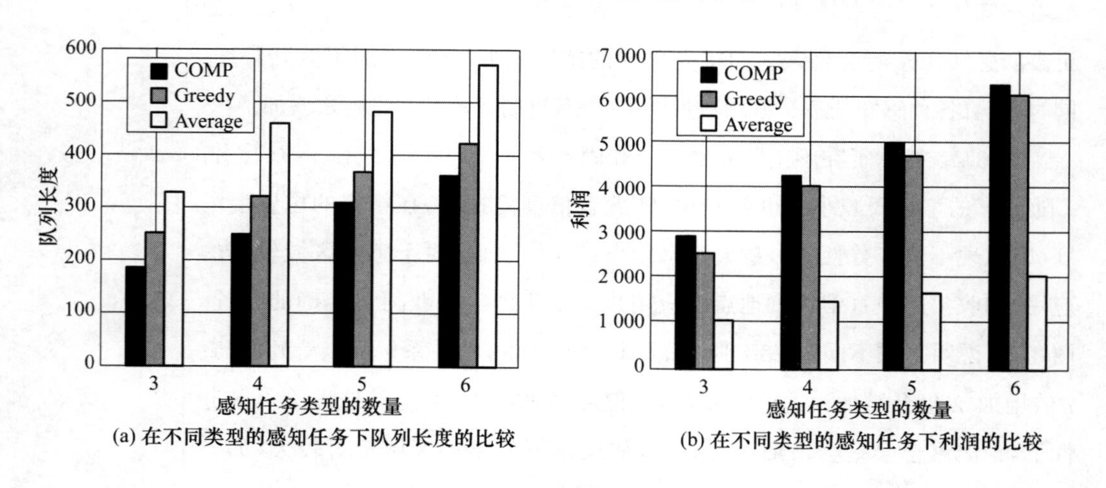

(a) 在不同类型的感知任务下队列长度的比较

(b) 在不同类型的感知任务下利润的比较

图 3.10 感知任务类型数量对各性能的影响

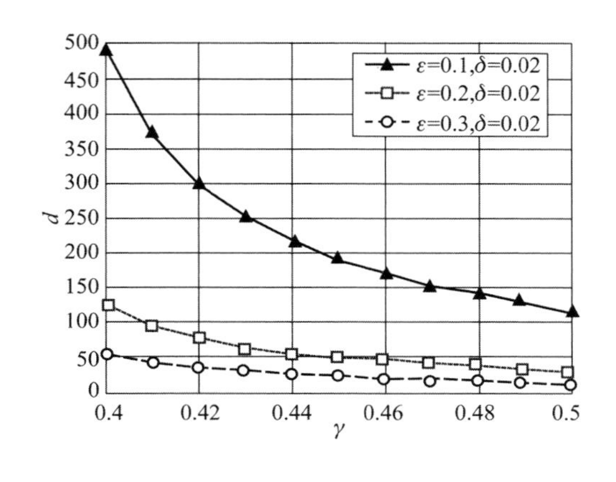

图 3.11 d 与 γ 的关系

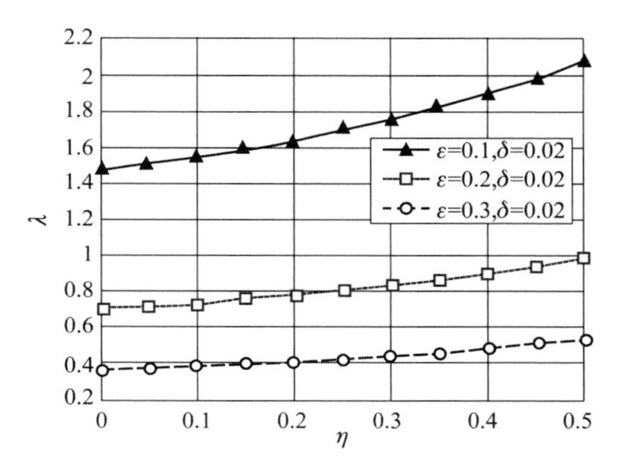

图 3.12 λ 与 η 的关系

图 3.13 显示了在参与者人数下，用户发送的请求数与允许进入平台的请求数之比的性能。从图 3.13 中可以看到，当参与者数量增加时，用户发送的请求数与允许进入平台的请求数之间的比率将增加。因此，当感知请求者增加了来自平台的感知请求的数量时，平台可以增加参与者的数量，以保证感知请求者的体验质量。图 3.14 描绘了位置混淆对任务分配准确性的影响，该精度定义为在本章提出的不进行位置混淆的机制中分配给相同参与者的任务的百分比。可以看到，随着 ε 的增加，任务分配的准确性也随之提高。这是因为随着 ε 的增加，每个参与者的隐私保护水平降低，每个参与者的混淆位置更加接近真实位置，因此任务分配更接近没有位置混淆的任务分配。当 ε 足够大时，任务分配的精度达到了无位置混淆的精度，而参与者的位置隐私仍然可以得到保证。

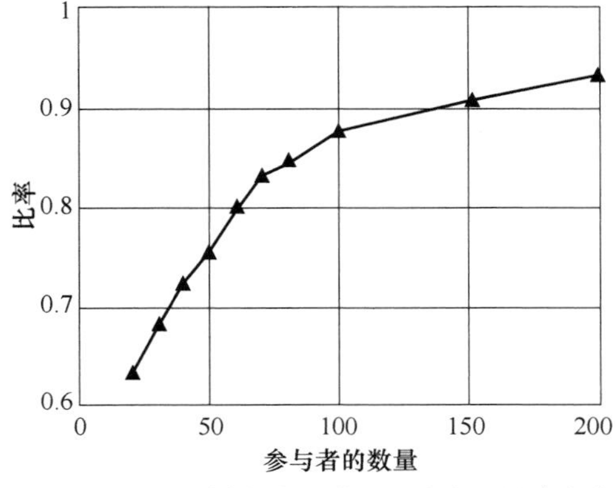

图 3.13 在不同参与者人数下用户发送的请求数与允许进入平台的请求数之比

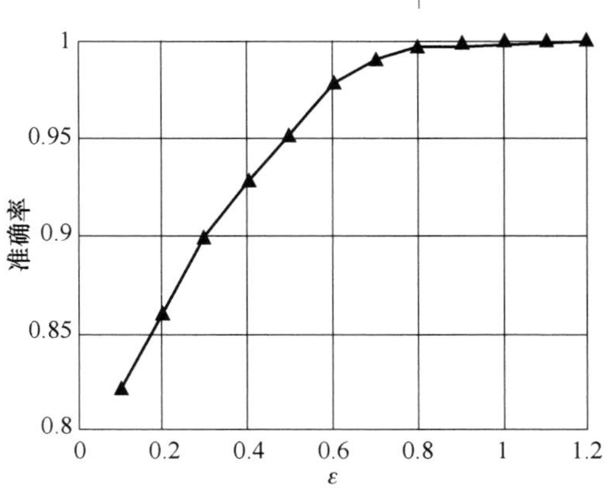

图 3.14 不同 ε 下任务分配的准确性

3.5 本章小结

本章提出了一种在线控制机制，其中考虑了平台利润最大化、系统稳定性和群智感知系统参与者的位置隐私。本章使用 Lyapunov 优化理论在平台利润和系统稳定性之间进行权衡。并且提出了一种距离混淆方案，以保证参与者的位置隐私。通过严格的理论分析和大规模的仿真，验证了本章提出的机制可以实现近似最优的利润，同时保持强大的系统稳定性并确保参与者的较高位置私密性。

第4章
具有隐私保护功能的群智感知数据收集在线控制机制研究

如今，通过将用户携带的智能设备与现有的通信基础设施相结合，可提供大规模、细粒度、复杂的感知服务，群智感知作为一种新型的感知范式，极大地丰富了智慧城市的应用，促进了物联网的发展。然而，隐私已经成为群智感知关注的热点，严重影响了群智感知的部署。本章提出了一个综合考虑参与者隐私性、感知任务到达的随机性和平台成本，并在最小化数据聚合误差和保证系统稳定性之间进行权衡的框架。本章利用Lyapunov随机优化技术，提出了一种在线控制机制。另外，考虑到现实中不同任务的感知决策往往需要不同的时间，本章将标准的Lyapunov随机优化技术推广到连续时间内，对不同类型的感知任务分别进行决策。通过严格的理论分析，证明了所提机制的时间平均数据聚合误差在保持系统稳定性的前提下是近似最优的。通过大量的仿真，证明了所提机制的优越性。

4.1 研究动机

由于移动设备的数量爆炸性增长，以及对移动数据流量的需求不断增长，所以兴起了一种新的感知模式，即群智感知[77]，通过使用内置高性能传感器（包括加速器、温湿度传感器、GPS、麦克风、陀螺仪、摄像头等）的移动设备，将整个感知任务外包给大量参与者，实现计算、通信和感知的深度集成，并在室内定位[70]、空气质量监测[69]、交通检测[68]、社会感知[67]、智能交通[66]、环境监测[65]等领域都引起了重大的研究兴趣。

一个群智感知系统通常由感知层、网络层、平台层和应用层四层组成。在感知层，参与者利用自己嵌入手机等智能设备中的传感器完成感知任务的数据采集。在网络层，参与者通过不同类型的网络(如传感器网络、蜂窝网络和 Wi-Fi 网络)向平台传递感知数据。在平台层，平台收集来自不同参与者的数据，并以某种方式聚合数据。在应用层，平台对采集到的感知数据进行分析和处理，构建由交通检测、空气质量监测、室内定位等不同应用驱动的智能感知系统。群智感知系统如图 4.1 所示。

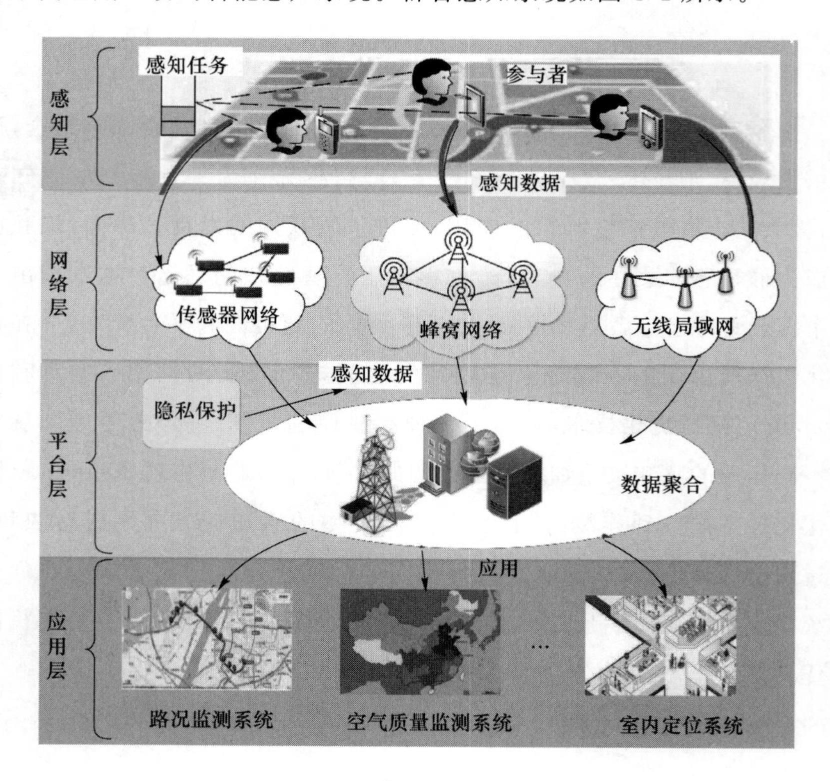

图 4.1　一个典型的群智感知系统

然而，在实施这样一个群智感知系统方面仍然存在一些挑战。第一，由于感知任务的数量是未知的，并且分配给参与者并由参与者上传到平台上的任务是动态不可预测的，因此需要一个在线算法来对感知任务和参与者进行自适应决策。第二，每个智能设备和平台的容量都是有限的，如缓冲区的大小。如果任务积累过多,就会出现网络拥塞。因此,需要控制访问系统的传感任务数量,以保证系统的稳定性。第三,当参与者完成感知任务时,可能会因为环境噪声、传感器测量不准确等原因而导致感知数据不准确,因此,平台有必要设计合理的聚合机制,准确收集每个参与者的感知数据。第四,人们越来越重视自己的隐私,如果上传的感知数据暴露了个人隐私,甚至引发恶意攻击,他们就不会执行感知任务。因此,有必要根据参与者的隐私保护水平对上传的感知数据进行适当的调整,以保护参与者的隐私。最后,平台需要补偿参与者的资源消耗和前往任务点的路费,以提高参与者的积极性。

为了克服上述挑战,本章提出了 DREAM 和 DREAM$^+$ 两种在线控制机制,通过考虑感知任务到达的随机性和参与者的隐私保护水平,并控制平台成本,在保证系统稳定性的同时尽量减少数据聚合误差。首先将系统分为四个模块进行建模,分别是隐私保护模块、参与者选择与权重确定模块、接入控制模块和数据聚合模块。然后利用 Lyapunov 优化理论[71]最小化数据聚合误差,将问题转化为一定条件下的队列稳定性问题,并进一步将其分解为三个子问题,即参与者选择与权重确定、接入控制与数据聚合。在 DREAM$^+$ 中,进一步扩展了标准的 Lyapunov 随机优化技术,考虑到不同类型的感知任务通常具有不同的处理时间,通过连续处理每种类型的感知任务。通过严格的理论分析,证明了所提机制能够在数据聚合误差最小的情况下实现系统的稳定性。最后,通过与其他方法的比较,进行了仿真和评估。

本章的主要内容如下。

- 首次尝试设计在线控制机制,通过最大限度地减少平台的数据聚合误差,同时保持系统稳定性和保障参与者的隐私。这种组合比单独的控制机制更具挑战性。
- 将 Lyapunov 随机优化技术应用于系统,将原问题转化为三个独立的子问题,实现了同时考虑数据聚合误差最小化和系统稳定性的目的。此外,扩展了标准的 Lyapunov 随机优化技术,以解决不同类型的感知任务通常具有不同处理时间的问题。
- 考虑了参与者的隐私保护,通过在感知数据中加入一定的噪声来混淆数据,实现了参与者的隐私保护要求。

- 从理论上证明了提出的在线控制机制在保证系统稳定性的前提下,可以最大限度地减少数据聚合误差。通过与其他算法的比较以及大量的仿真实验,证明了该机制的有效性。

4.2 系统建模

本章所考虑的群智感知系统包括一个平台,可以接收不同参与者上传的感知数据,记为 $\mathcal{N}=\{1,\cdots,N\}$,传感数据的类型记为 $\mathcal{M}=\{1,\cdots,M\}$。参与者以时隙 $t\in T=\{1,\cdots,T\}$ 向平台发送传感数据,时隙 t 在几分钟到几个小时之间,这取决于上传数据的参与者的频率。平台对数据进行聚合和应用,实现多个群智感知应用。

在图 4.2 中描述了本章提出的群智感知框架,包括隐私保护模块、参与者选择和权重确定模块、接入控制模块和数据聚合模块。更具体地说,首先,为了防止参与者隐私的泄露,他们在自己的感知数据中加入干扰噪声,然后在隐私保护模块中上传到平台。其次,在参与者选择和权重确定模块中,为了更准确地聚合感知数据,将更高的权重分配给隐私保护水平较低的参与者。再次,为了避免过多的感知数据因拥挤而恶化系统性能,平台在接入控制模块中做出是否接纳所选参与者感知数据的决策。最后,为了提高传感数据的准确性,平台在数据聚合模块中对接收到的感知数据进行聚合。为了便于解释,将本章的主要符号的含义列在表 4.1。

表 4.1 主要符号的含义

符 号	含 义
$\mathcal{M}$	感知任务类型的集合
$\mathcal{N}$	参与者集合
$a_{ij}(t)$	参与者 j 在时隙 t 内到达平台的 i 类型感知任务数
$r_{ij}(t)$	在时隙 t 中由平台接收的由参与者 j 执行的 i 类型感知任务的数目
$x_{ij}(t)$	平台在时隙 t 中处理的参与者 j 执行的 i 类型感知任务的数量
α	数据聚集误差
β	置信区间
ϵ_{ij}	参与者 j 对时隙 t 中 i 类型感知任务的隐私保护水平
λ_{ij}	时隙 t 中 i 类型感知任务参与者 j 的权重

续 表

符　号	含　义
p_{ij}	参与者 j 对 i 类型感知任务的支付
l_i	i 类型感知任务的敏感性
s_i	处理 i 类型的感知任务的时隙
$Q_{ij}(t)$	时隙 t 中平台 j 参与者 i 类型感知任务的队列长度
$G_{ij}(t)$	时隙 t 平台中参与者 j 的 i 类型感知任务的虚拟队列长度
V	折中因子
C_i	i 类型感知任务平台预算
θ_{ij}	i 类型感知任务参与者 j 的防下溢扰动参数

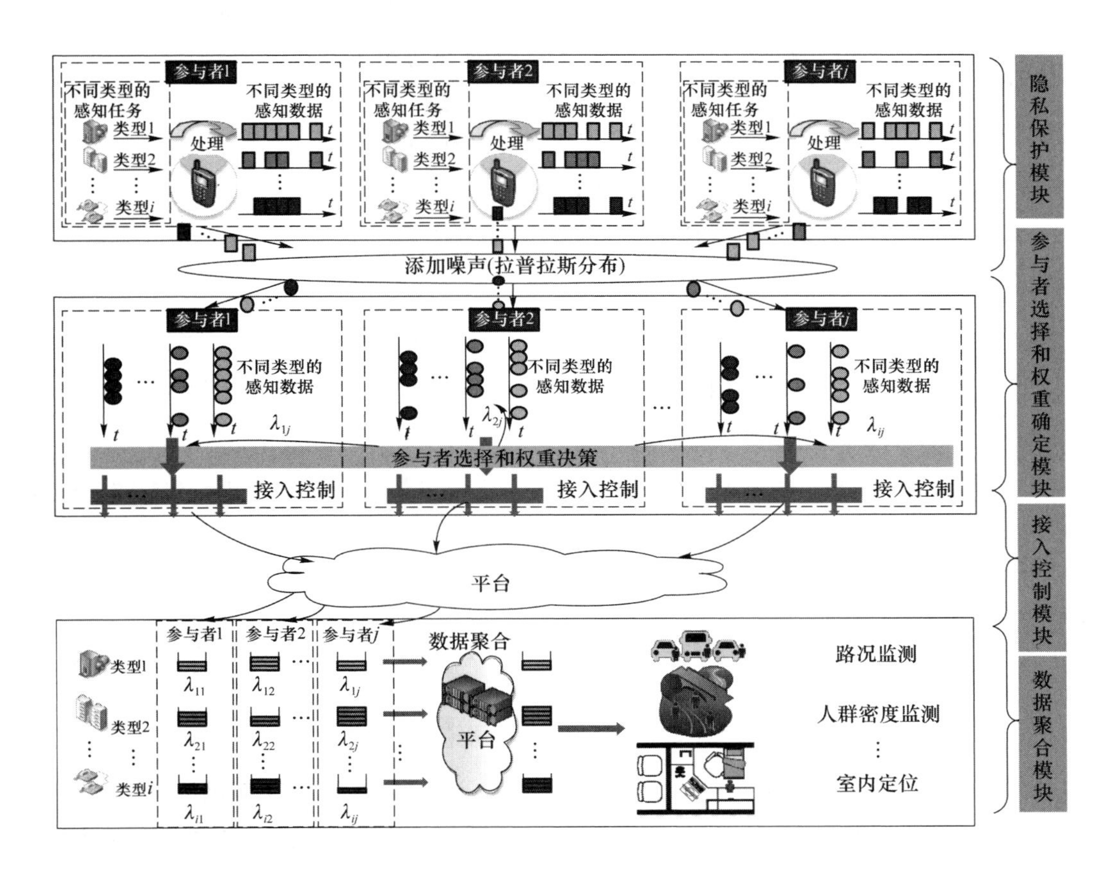

图 4.2　本章提出的群智感知框架

4.2.1 隐私保护模块

为了防止隐私泄露，参与者首先对自己的感知数据进行模糊处理，然后将混淆后的数据（不是原始数据）上传到平台上。然而，不同的参与者对不同类型的任务有不同的隐私保护水平。因此，不同的参与者将不同感知任务的数据上传到具有不同隐私保护水平的平台上。受参考文献[78]的启发，将差分隐私应用于模糊感知数据，其定义如下。

定义 1（ϵ_{ij}-差分隐私[78]） 假设 ϵ_{ij}，$\forall i\in\mathcal{M},j\in\mathcal{N}$ 是一个正实数，对于 $f:\mathbb{R}\rightarrow\mathbb{R}\mid f(d_{ij})=d_{ij}$，$\forall i\in\mathcal{M},j\in\mathcal{N}$，如果任何攻击者都能观察到函数 $f(\cdot)$ 在数据 d_{ij} 和 d'_{ij} 上的结果 o^{obs} 满足以下不等式：

$$\frac{\Pr[f(d_{ij})=o^{\text{obs}}]}{\Pr[f(d'_{ij})=o^{\text{obs}}]}\leqslant e^{\epsilon_{ij}} \tag{4.1}$$

那么 $f(\cdot)$ 满足 ϵ_{ij}-差分隐私。

定义 2（灵敏度[78]） 对于 $f:\mathbb{R}\rightarrow\mathbb{R}\mid f(d_{ij})=d_{ij}$，$\forall i\in\mathcal{M},j\in\mathcal{N}$，$f$ 的灵敏度定义如下：

$$\Delta f=\max_{d_{ij},d'_{ij}}||f(d_{ij})-f(d'_{ij})||_1 \tag{4.2}$$

其中 Δf 表示数据 d_{ij} 和 d'_{ij} 的最大差值。$||f(d_{ij})-f(d'_{ij})||_1$ 是 $f(d_{ij})$ 和 $f(d'_{ij})$ 之间的 L_1 距离。

定义 3（拉普拉斯机制[79]） 对于 $f:\mathbb{R}\rightarrow\mathbb{R}\mid f(d_{ij})=d_{ij}$，$\forall i\in\mathcal{M},j\in\mathcal{N}$，拉普拉斯机制定义如下：

$$\mathcal{M}=f(d_{ij})+\eta_{ij} \tag{4.3}$$

其中噪声 η_{ij} 遵循拉普拉斯分布，概率密度函数为 $\text{Lap}(\delta)=\frac{1}{2\delta}e-\frac{|\eta_{ij}|}{\delta}$，$\delta=\frac{\Delta f}{\epsilon_{ij}}$。

注意，上面的干扰噪声可以用拉普拉斯、指数和高斯机制产生。在一般情况下，拉普拉斯机制通常用于处理数值，指数机制用于处理非数值。由于参与者上传的感知数据是数值的，所以采用拉普拉斯机制。并且对于 $\forall i\in\mathcal{M},j\in\mathcal{N}$，拉普拉斯机制保持了 ϵ_{ij}-差分隐私[79]。

为了防止隐私泄露，参与者在上传到平台之前会混淆他们的数据。设 $\tilde{d}_{ij}$ 表示参与者 j 感知到的 i 类型任务的混淆感知数据，根据 ϵ_{ij}-差分隐

私和拉普拉斯机制 $\forall i\in \mathcal{M}, j\in \mathcal{N}$ 的定义，得到如下公式：

$$\widetilde{d}_{ij}=d_{ij}+\eta_{ij}, \eta_{ij}\sim \mathrm{Lap}(0, l_i/\epsilon_{ij}) \tag{4.4}$$

其中，l_i/ϵ_{ij} 是参与者 j 感知到的 i 类型感知任务的隐私保护水平，l_i 表示 i 类型感知任务的敏感度，直观地说，如果参与者更加关注自己的感知数据，就应该将 ϵ 设置得更小，这样恶意的参与者很难推断出数据。在局部差分隐私中，敏感度取决于局部数据值的范围[35]。在本章的工作中，考虑了一个群智感知系统，其中感知任务分为两类。一类感知任务需要参与者对他们观察到的事件的类别做出决定。这类例子包括某一特定地点是否下雨。如果下雨，一名参与者将该地点标记为 1。否则，标记为 0。在这种情况下，这类感知任务的灵敏度为 1。另一类感知任务要求参与者感知连续的数据，如一个参与者感知到特定区域的温度。如果该区域的温度范围为[－30,35]，则此类传感任务的灵敏度为 65。

4.2.2 参与者选择和权重确定模块

涉及参与者的因素(如移动设备的性能、社会角色、专业知识等)都会影响参与者的隐私保护水平。如果平台只接收到一个参与者的一种类型的感知数据，可能会导致该参与者上传的感知数据不可靠，因此，平台可以将多个参与者上传的感知数据进行聚合，以提高准确性。然而，如果数据聚合平等地对待每个参与者上传的感知数据，如取所有上传数据的平均值，则将平均每个参与者的感知数据的影响，但是，如果为隐私保护水平较低的参与者提供的数据分配更高的权重，将使数据聚合更加精确。为此，采用加权平均求和机制，结合参与者的隐私保护水平来确定参与者的数据聚合权重。

定义 4 平台采用加权平均求和法对不同参与者的数据进行聚合，即 i 类型感知数据的聚合如下：

$$\widetilde{d}_i=\sum_{j\in \mathcal{N}}\lambda_{ij}\widetilde{d}_{ij} \tag{4.5}$$

式中，$\widetilde{d}_i$ 是 i 类型的聚合感知数据，λ_{ij} 是参与者 j 感知的 i 类型感知数据的权重，$\sum_{i\in \mathcal{M}}\sum_{j\in \mathcal{N}}\lambda_{ij}=1$。

由于参与者 j 在上传感知数据时需要将自己的隐私保护水平上传到

平台上，平台事先知道自己的 η_{ij}，$\forall i\in\mathcal{M},j\in\mathcal{N}$。参与者的隐私保护水平越低，上传到平台的混淆数据越接近真实数据，上传的数据越准确，对平台的贡献就越大。

隐私保护可以防止攻击者推断参与者的真实数据。然而，混淆后的数据可能会影响感知数据的聚合精度。如果上传的混淆数据与真实数据相差甚远，平台汇总的数据可能有误。因此，推导真实数据和模糊聚合数据之间的关系是很重要的。数据聚合精度可以用真实感知数据和模糊感知数据之间的差异和概率来表示。

定义 5〔(α_i,β_i)-精度〕 该平台为 i 类型感知数据提供(α_i,β_i)-精度的群智感知数据聚合服务，如果

$$\Pr[|\tilde{d}_i-d_i|\leqslant\alpha_i]\geqslant 1-\beta_i \tag{4.6}$$

则该平台为 i 类型感知数据。其中，d_i 是 i 类型的实际聚和感知数据，$\beta_i\in(0,1)$。

该定义表明 i 类型真实和模糊感知数据之间的差异不大于 α_i，并且概率至少为 $1-\beta_i$。显然，对于给定的 β_i，较小的 α_i 意味着更小的差异，从而导致更精确的数据聚合。

定理 1 提出的数据聚合机制对于 i 型感知数据实现了$(\alpha_i,2l_i^2\lambda_{ij}^2/\alpha_i^2\epsilon_{ij}^2)$-精度的群智感知数据聚合服务，即

$$\Pr[|\tilde{d}_i-d_i|\leqslant\alpha_i]\geqslant 1-\sum_{j\in\mathcal{N}}\frac{2l_i^2\lambda_{ij}^2}{\alpha_i^2\epsilon_{ij}^2} \tag{4.7}$$

证明：根据式(4.5)，可以得到

$$\begin{aligned}|\tilde{d}_i-d_i| &= \Big|\sum_{j\in\mathcal{N}}\lambda_{ij}\tilde{d}_{ij}-d_i\Big| \\ &= \Big|\sum_{j\in\mathcal{N}}\lambda_{ij}(\tilde{d}_{ij}-d_i)\Big| \\ &= \sum_{j\in\mathcal{N}}|\lambda_{ij}(\tilde{d}_{ij}-d_i)|\end{aligned} \tag{4.8}$$

这里，假设所有参与者在执行相同的感知任务时，都有相同的感知数据，即 $d_{ij}=d_i$。因此，$\tilde{d}_{ij}-d_i=\tilde{d}_{ij}-d_{ij}$。然后建立以下方程：

$$\tilde{d}_{ij}-d_i=\tilde{d}_{ij}-d_{ij}=\eta_{ij},\quad \eta_{ij}\sim\mathrm{Lap}(0,l_i/\epsilon_{ij}) \tag{4.9}$$

已知 $\eta_{ij}\sim\mathrm{Lap}(0,l_i/\epsilon_{ij})$的方差为 $2l_i^2\lambda_{ij}^2$，即 $\mathrm{Var}(\epsilon_{ij})=2l_i^2\lambda_{ij}^2$，得到

$$\mathrm{Var}\Big[\sum_{j\in\mathcal{N}}|\lambda_{ij}(\tilde{d}_{ij}-d_j)|\Big]=\sum_{j\in\mathcal{N}}\frac{2l_i^2\lambda_{ij}^2}{\epsilon_{ij}^2} \tag{4.10}$$

因此，根据切比雪夫不等式，得到

$$\Pr\Big[\sum_{j\in\mathcal{N}}|\lambda_{ij}(\tilde{d}_{ij}-d_j)|\leqslant\alpha_i\Big]\geqslant 1-\sum_{j\in\mathcal{N}}\frac{2l_i^2\lambda_{ij}^2}{\alpha_i^2\epsilon_{ij}^2} \tag{4.11}$$

定理 2　根据在定义 4 和定理 1 中提出的数据聚合机制，可以得到

$$\alpha_i\geqslant\sum_{j\in\mathcal{N}}\frac{\sqrt{2}l_i\lambda_{ij}}{\sqrt{\beta_i}\epsilon_{ij}} \tag{4.13}$$

然后，该平台可以为 i 类型感知任务提供(α_i，β_i)-精度的群智感知数据聚合服务。

证明：结合 $\Pr[|\tilde{d}_i-d_i|\leqslant\alpha_i]\geqslant 1-\beta_i$ 和定理 1，得到

$$\sum_{j\in\mathcal{N}}\frac{2l_i^2\lambda_{ij}^2}{\alpha_i^2\epsilon_{ij}^2}\leqslant\beta_i \tag{4.14}$$

等价于有

$$\alpha_i\geqslant\sum_{j\in\mathcal{N}}\frac{\sqrt{2}l_i\lambda_{ij}}{\sqrt{\beta_i}\epsilon_{ij}} \tag{4.15}$$

4.2.3　接入控制模块

对感知数据的潜在需求可能非常大。例如，对实时路况的需求可能导致大量的交通感知数据。因此，一个群智感知系统需要处理感知数据的需求和供给之间的关系。过多的感知数据会降低系统性能，例如，严重的数据拥塞会导致长时间处理延迟。因此，有必要对到达平台的感知数据是否准入进行决策。

$a_{ij}(t)$和 $r_{ij}(t)$分别表示参与者 j 执行的 i 类型感知任务的数量，这些任务到达平台并在时隙 t 被平台接收。一方面，通过接入控制来防止进入平台的感知任务数量过多，导致系统拥塞。因此，平台接收到的感知任务数必须不大于到达平台的感知任务数，即 $r_{ij}(t)\leqslant a_{ij}(t)$。另一方面，通过赋予参与者更高的权重来感知某一类型的任务，平台可以获得更高的数据聚合精度。因此，应该接受更多的这种类型的感知任务。有 $0\leqslant\overline{r_{ij}}\leqslant\overline{\lambda_{ij}a_{ij}}$，其中，$\overline{r_{ij}}$和$\overline{a_{ij}}$表示参与者 j 感知到的到达平台的 i 类型感知任务的时间平均数，$\overline{\lambda_{ij}}$是参与者 j 感知到的 i 类型感知任务的时间平均权重。

4.2.4 数据聚合模块

不同类型的感知任务可能消耗不同的资源，因此平台处理的感知任务数量不同。令在时隙 t 中由平台处理的参与者 j 感知到的 i 类型感知任务数量为 $x_{ij}(t)$。为了防止 $x_{ij}(t)$ 过大，设置上限值 $x^{\max}$，因此有 $\overline{x_{ij}} \leqslant x^{\max}$，其中，$\overline{x_{ij}}$ 代表参与者 j 感知的 i 类型感知任务的时间平均数，$x^{\max}$ 是平台处理的任何类型的感知任务数量的上界。

根据以上分析，参与者 j 的队列长度满足以下动态变化：

$$Q_{ij}(t+1)=\max[Q_{ij}(t)-x_{ij}(t),0]+r_{ij}(t) \tag{4.16}$$

其中，$Q_{ij}(t)$，$\forall i \in \mathscr{M}, j \in \mathscr{N}$。在该系统中，如果所有队列都稳定，则系统是稳定的。根据参考文献[71]，系统需要满足以下不等式：

$$\limsup_{t \to \infty} \frac{1}{t} \sum_{\tau=0}^{t-1} E(Q_{ij}(\tau)) < \infty, \quad \forall i \in \mathscr{M}, j \in \mathscr{N} \tag{4.17}$$

4.3 具有隐私保护功能的群智感知数据收集在线控制机制设计

4.3.1 数据聚合误差最小化模型的目标函数

机制的目标是最小化群智感知系统中的数据聚集误差，根据不等式(4.15)，这等于最小化 $\sum_{i \in \mathscr{M}} \sum_{j \in \mathscr{N}} \frac{\sqrt{2} l_i \lambda_{ij}}{\sqrt{\beta_i \epsilon_{ij}}}$。所研究的群智感知系统需要在每个时段进行一系列的控制决策，包括参与者选择和权重确定控制、接入控制和数据聚合控制。在系统稳定的条件下，即在式(4.17)下，平台的时间平均数据聚合误差最小化如下：

$$\min \sum_{i \in \mathscr{M}} \sum_{j \in \mathscr{N}} \frac{\sqrt{2} l_i \lambda_{ij}}{\sqrt{\beta_i \epsilon_{ij}}} \tag{4.18}$$

$$\text{约束} \quad \sum_{j \in \mathscr{N}} \overline{\lambda_{ij}} = 1 \tag{4.19}$$

$$0 \leqslant \overline{r_{ij}} \leqslant \overline{\lambda_{ij} a_{ij}} \tag{4.20}$$

$$\sum_{j\in\mathcal{N}}\overline{\lambda_{ij}}\ \overline{p_{ij}}\leqslant C_i \tag{4.21}$$

$$\overline{x_{ij}}\leqslant x^{\max} \tag{4.22}$$

$$\limsup_{t\to\infty}\frac{1}{t}\sum_{\tau=0}^{t-1}E(Q_{ij}(\tau))<\infty,\forall i\in\mathcal{M},j\in\mathcal{N} \tag{4.23}$$

其中,式(4.19)表示参与者选择和权重确定控制,即所有选择的参与者完成数据聚合。式(4.20)表示平台的接入控制,即允许进入系统的每种类型的感知任务的平均数量不大于到达平台的感知任务的平均数量乘以平均权重。式(4.21)表示一种类型的平台支付不能超过预算。感知到第一类任务的参与者 j 的平台支付与隐私保护水平成正比,即 $p_{ij}=k\epsilon_{ij}$,其中 k 为常数。式(4.22)表示数据聚合控制,即平台聚合的每种类型的感知任务的平均数量不能超过上限。式(4.23)表明系统达到稳定。

4.3.2 基于 Lyapunov 随机优化的问题转换

由于不同参与者上传到平台上的感知数据具有时变性和不可预测性,传统的离线算法无法解决上述问题。因此,结合以上分析,在满足系统稳定性和控制决策的前提下,采用 Lyapunov 随机优化方法来解决这一问题。

为了满足不等式(4.21)中显示的约束,为 i 类型感知任务引入一个虚拟队列 G_i。与式(4.16)类似,队列大小可定义如下:

$$G_i(t+1)=\max[G_i(t)-C_i,0]+\sum_{j\in\mathcal{N}}\lambda_{ij}(t)p_{ij}(t) \tag{4.24}$$

引理 1 不等式(4.21)中的约束是在虚拟队列 G_i 满足队列稳定性时建立的。

证明:根据式(4.24)中虚拟队列的更新,建立如下不等式:

$$G_{ij}(t+1)\geqslant G_{ij}(t)-C_i+\sum_{i\in\mathcal{M}}\sum_{j\in\mathcal{N}}\lambda_{ij}(t)p_{ij}(t) \tag{4.25}$$

在时隙 $t\in T=\{0,1,\cdots,t-1\}$,不等式的两边同时除以 t,可以得到

$$\frac{G_{ij}(t)-G_{ij}(0)}{t}+C_i\geqslant\frac{1}{t}\sum_{\tau=0}^{t-1}\sum_{i\in\mathcal{M}}\sum_{j\in\mathcal{N}}\lambda_{ij}(t)p_{ij}(t) \tag{4.26}$$

其中 $G_{ij}(0)=0$。同时对式(4.26)的两边取期望值,设 t 为无穷大。那么

$$\lim_{t\to\infty}\frac{E[G_{ij}(t)]}{t}+C_i\geqslant\sum_{i\in\mathcal{M}}\sum_{j\in\mathcal{N}}\lambda_{ij}(t)p_{ij}(t) \tag{4.27}$$

同时，如果虚拟队列是稳定的，有 $\lim\limits_{t\to\infty}\frac{E[G_{ij}(t)]}{t}=0$。因此，$C_i \geqslant \sum\limits_{i\in\mathcal{M}}\sum\limits_{j\in\mathcal{N}}\lambda_{ij}(t)p_{ij}(t)$，即式(4.21)保持。因此，证明了引理 1。

证毕

同样，为了满足不等式(4.22)中显示的约束，引入一个虚拟队列 H_{ij}，用于参与者 j 感知到的 i 类型执行感知任务。与式(4.24)类似，队列大小由式(4.28)给出：

$$H_{ij}(t+1)=\max[H_{ij}(t)-x^{\max},0]+x_{ij}(t) \tag{4.28}$$

引理 2 不等式(4.22)中的约束当虚拟队列 H_{ij} 满足队列稳定性时建立。

引理 2 的证明与引理 1 的证明相似。对提出的群智感知系统的系统稳定性定义如下。

定义 6 在提出的群智感知系统中，如果所有的队列都是稳定的，那么系统的稳定性就达到了。根据参考文献[71]，如果所有提出的队列都满足以下不等式：

$$\limsup_{t\to\infty}\frac{1}{t}\sum_{\tau=0}^{t-1}E[Q_{ij}(\tau)]<\infty \tag{4.29}$$

$$\limsup_{t\to\infty}\frac{1}{t}\sum_{\tau=0}^{t-1}E[G_{ij}(\tau)]<\infty \tag{4.30}$$

$$\limsup_{t\to\infty}\frac{1}{t}\sum_{\tau=0}^{t-1}E[H_{ij}(\tau)]<\infty,\quad \forall i\in\mathcal{M},j\in\mathcal{N} \tag{4.31}$$

那么提出的群智感知系统是稳定的。

然后定义一个扰动 Lyapunov 函数，如下所示：

$$L(t)\triangleq\frac{1}{2}\sum_{i\in\mathcal{M}}\sum_{j\in\mathcal{N}}[(Q_{ij}(t)-\theta_{ij})^2+G_i^2(t)+H_{ij}^2(t)] \tag{4.32}$$

其中 θ_{ij} 是一个扰动参数，它确保任务队列中没有下溢，避免浪费参与者的资源。无下溢的约束可以防止参与者在很长一段时间内成为未分配的任务。如果使 Lyapunov 函数值较小，那么每个队列的大小将保持较低，从而保持队列的稳定性。

上述 Lyapunov 函数反映了感知任务队列和虚拟队列的长度。如果 Lyapunov 函数的值很小，说明排队长度越小，系统越稳定。用 $\boldsymbol{Q}(t)=(Q_{ij}(t),G_i(t),H_{ij}(t))$ 表示队列向量。引入单时隙条件 Lyapunov 漂移来表示 Lyapunov 函数从一个时隙到下一个时隙的变化，即：

$$\Delta(t) \triangleq E[L(t+1)-L(t)] \tag{4.33}$$

根据 Lyapunov 随机优化技术，如果最小化 $\Delta(t)$，保证队列 $Q_{ij}(t)$、$G_i(t)$和 $H_{ij}(t)$是稳定的，则系统是稳定的，满足式(4.23)中的约束条件。同时，需要将数据聚合误差最小化，即实现式(4.18)。

因此，给出如下公式，即

$$\Delta(t) \triangleq \Delta(t)+V\sum_{i\in\mathcal{M}}\sum_{j\in\mathcal{N}}\frac{\sqrt{2}l_i\lambda_{ij}(t)}{\sqrt{\beta_i\epsilon_{ij}(t)}} \tag{4.34}$$

与漂移加惩罚函数[71]类似，将上述公式称为漂移加数据聚合误差函数。减小漂移加数据聚集误差函数的值相当于减少 $\Delta(t)$，从而减小 $\sum_{i\in\mathcal{M}}\sum_{j\in\mathcal{N}}\frac{\sqrt{2}l_i\lambda_{ij}(t)}{\sqrt{\beta_i\epsilon_{ij}(t)}}$。也就是说，该公式在保持系统稳定的同时，减少了数据聚合误差。$V\geqslant 0$ 是一个折中因子，表示与系统稳定性相比，对数据聚合误差最小化的重视程度。

漂移加数据聚集误差函数如下。

引理 3 在时隙 t 中，对于满足约束(4.19)～(4.23)的任何控制决策，可以得出

$$\begin{aligned}&\Delta(t)+VE\left[\sum_{i\in\mathcal{M}}\sum_{j\in\mathcal{N}}\frac{\sqrt{2}l_i}{\sqrt{\beta_i\epsilon_{ij}(t)}}\right]\leqslant B+\\&\sum_{i\in\mathcal{M}}\sum_{j\in\mathcal{N}}E\left\{\left[G_i(t)p_{ij}(t)+V\frac{\sqrt{2}l_i}{\sqrt{\beta_i\epsilon_{ij}(t)}}\right]\lambda_{ij}(t)-G_i(t)C_i+\right.\\&[Q_{ij}(t)-\theta_{ij}(t)]r_{ij}(t)-\\&\left.[Q_{ij}(t)-\theta_{ij}(t)-H_{ij}(t)]x_{ij}(t)-H_{ij}(t)x^{\max}\right\}\end{aligned} \tag{4.35}$$

其中 $B=\frac{\max\left[|\mathcal{M}||\mathcal{N}|(x^{\max})^2,\sum_{i\in\mathcal{M}}\sum_{j\in\mathcal{N}}a_{ij}(t)^2\right]}{2}+\sum_{j\in\mathcal{N}}C_i^2+|\mathcal{M}||\mathcal{N}|(x^{\max})^2$ 是一个有限常数参数。从上面的不等式可以看出，最小化漂移加数据聚合误差函数的值只需要最小化不等式(4.35)的右边。

证明：当 Q_{ij} 没有下溢时，有

$$Q_{ij}(t+1)=\max[Q_{ij}(t)-x_{ij}(t),0]+r_{ij}(t)=Q_{ij}(t)-x_{ij}(t)+r_{ij}(t) \quad (4.36)$$

因此得到

$$\begin{aligned}
&[Q_{ij}(t+1)-\theta_{ij}]^2-[Q_{ij}(t)-\theta_{ij}]^2 \\
&=[Q_{ij}(t)-x_{ij}(t)+r_{ij}(t)-\theta_{ij}]^2-[Q_{ij}(t)-\theta_{ij}]^2 \\
&=[2Q_{ij}(t)-x_{ij}(t)+r_{ij}(t)-2\theta_{ij}][-x_{ij}(t)+r_{ij}(t)] \\
&=[-x_{ij}(t)+r_{ij}(t)]^2+[-x_{ij}(t)+r_{ij}(t)][2Q_{ij}(t)-2\theta_{ij}] \quad (4.37)
\end{aligned}$$

因为 $r_{ij}(t)<a_{ij}(t)$ 且 $x_{ij}(t)<x^{\max}$，所以 $-x^{\max}\leqslant -x_{ij}(t)+r_{ij}(t)\leqslant a_{ij}(t)$，因此 $[-x_{ij}(t)+r_{ij}(t)]^2\leqslant \max[(x^{\max})^2,a_{ij}(t)^2]$。然后有

$$\begin{aligned}
&[Q_{ij}(t+1)-\theta_{ij}]^2-[Q_{ij}(t)-\theta_{ij}]^2 \\
&\leqslant \max[(x^{\max})^2,a_{ij}(t)^2]+r_{ij}(t)[2Q_{ij}(t)-2\theta_{ij}]-x_{ij}(t)[2Q_{ij}(t)-2\theta_{ij}]
\end{aligned} \quad (4.38)$$

根据

$$\begin{aligned}
&\max[G_{ij}(t)-C_i,0]+\sum_{i\in\mathcal{M}}\sum_{j\in\mathcal{N}}\lambda_{ij}(t)p_{ij}(t)\}^2 \\
&\leqslant G_{ij}(t)^2+C_i^2+\Big[\sum_{i\in\mathcal{M}}\sum_{j\in\mathcal{N}}\lambda_{ij}(t)p_{ij}(t)\Big]^2- \\
&\quad 2G_{ij}(t)\Big[C_i-\sum_{i\in\mathcal{M}}\sum_{j\in\mathcal{N}}\lambda_{ij}(t)p_{ij}(t)\Big] \text{和} \sum_{i\in\mathcal{M}}\sum_{j\in\mathcal{N}}\lambda_{ij}(t)p_{ij}(t)\leqslant C_i \quad (4.39)
\end{aligned}$$

有

$$\begin{aligned}
G_{ij}(t+1)^2 &\leqslant G_{ij}(t)^2+C_i^2+\Big[\sum_{i\in\mathcal{M}}\sum_{j\in\mathcal{N}}\lambda_{ij}(t)p_{ij}(t)\Big]^2- \\
&\quad 2G_{ij}(t)[C_i-\sum_{i\in\mathcal{M}}\sum_{j\in\mathcal{N}}\lambda_{ij}(t)p_{ij}(t)] \\
&\leqslant G_{ij}(t)2+2C_i^2-2G_{ij}(t)\Big[C_i-\sum_{i\in\mathcal{M}}\sum_{j\in\mathcal{N}}\lambda_{ij}(t)p_{ij}(t)\Big]
\end{aligned} \quad (4.40)$$

然后

$$G_{ij}(t+1)^2-G_{ij}(t)^2\leqslant 2C_i^2-2G_{ij}(t)\Big[C_i-\sum_{i\in\mathcal{M}}\sum_{j\in\mathcal{N}}\lambda_{ij}(t)p_{ij}(t)\Big] \quad (4.41)$$

类似地，

$$\begin{aligned}
H_{ij}(t+1)^2 &\leqslant H_{ij}(t)^2+(x^{\max})^2+x_{ij}^2-2H_{ij}(t)[x^{\max}-x_{ij}(t)] \\
&\leqslant H_{ij}(t)2+2(x^{\max})^2-2H_{ij}(t)[x^{\max}-x_{ij}(t)] \quad (4.42)
\end{aligned}$$

然后

$$H_{ij}(t+1)^2 - H_{ij}(t)^2 \leqslant 2(x^{\max})^2 - 2H_{ij}(t)[x^{\max} - x_{ij}(t)] \tag{4.43}$$

然后有

$$\begin{aligned}
&\frac{1}{2}\{[Q_{ij}(t+1)-\theta_{ij}]^2 - [Q_{ij}(t)-\theta_{ij}]^2 + G_{ij}(t+1)2 - G_{ij}(t)^2 + \\
&H_{ij}(t+1)^2 - H_{ij}(t)^2\} \\
\leqslant &\frac{\max[(x^{\max})^2, a_{ij}(t)^2]}{2} + C_i^2 + (x^{\max})^2 + \\
&[Q_{ij}(t)-\theta_{ij}]r_{ij}(t) - \\
&G_{ij}(t)\left[C_i - \sum_{i\in\mathscr{M}}\sum_{j\in\mathscr{N}}\lambda_{ij}(t)p_{ij}(t)\right] - \\
&[Q_{ij}(t)-\theta_{ij}-H_{ij}(t)]x_{ij}(t) - H_{ij}(t)x^{\max}
\end{aligned} \tag{4.44}$$

根据式(4.32)和(4.33),式(4.33)由两边的 $VE\left[\sum_{i\in\mathscr{M}}\sum_{j\in\mathscr{N}}\frac{\sqrt{2}l_i\overline{\lambda_{ij}}}{\sqrt{\beta_i\epsilon_{ij}}}\right]$ 相加,得到

$$\begin{aligned}
&\Delta(t) + VE\left[\sum_{i\in\mathscr{M}}\sum_{j\in\mathscr{N}}\frac{\sqrt{2}l_i\overline{\lambda_{ij}}}{\sqrt{\beta_i\epsilon_{ij}}}\right] \leqslant B + \sum_{i\in\mathscr{M}}\sum_{j\in\mathscr{N}}E\{(Q_{ij}(t)-\theta_{ij})r_{ij}(t) + \\
&\left[G_{ij}(t)p_{ij}(t) + V\frac{\sqrt{2}l_i}{\sqrt{\beta_i\epsilon_{ij}}}\right]\lambda_{ij}(t) - [Q_{ij}(t)-\theta_{ij}-H_{ij}(t)]x_{ij}(t) - \\
&G_{ij}(t)C_i - H_{ij}(t)x^{\max}\}
\end{aligned} \tag{4.45}$$

设 $B = \dfrac{\max\left[|\mathscr{M}||\mathscr{N}|(x^{\max})^2, \sum_{i\in\mathscr{M}}\sum_{j\in\mathscr{N}}a_{ij}(t)^2\right]}{2} + |\mathscr{N}|\sum_{j\in\mathscr{M}}C_i^2 + |\mathscr{M}||\mathscr{N}|(x^{\max})^2$。因此,证明了引理 3。

4.3.3 具有隐私保护功能的群智感知数据收集在线控制机制

在线控制是减少漂移加数据聚合误差函数,即减少式(4.35)的右边。在每个时隙,在线控制为每个感知任务提供隐私保护、参与者选择和权重确定、接入控制和数据聚合。因此,式(4.18)中的原问题可以分解为下面的四个子问题,证明了在线控制可以使平台的数据聚合误差接近最小,同时保证了系统的稳定性。

(1) 隐私保护算法:由于聚合的感知数据涉及参与者的隐私信息,为了防止隐私泄露,在参与者将感知数据上传到平台前需对数据进行模糊处理。根据式(4.4),使用ϵ_{ij}-差分隐私和拉普拉斯机制对参与者j感知到的i类型任务数据进行模糊处理。

(2) 参与者选择和权重确定算法:需要最小化式(4.35),以最小化式(4.34)的右侧,如下所示:

$$\min_{\lambda_{ij}(t)}\left[G_i(t)p_{ij}(t)+V\frac{\sqrt{2}l_i}{\sqrt{\beta_i}\epsilon_{ij}(t)}\right]\lambda_{ij}(t)-G_i(t)C_i \tag{4.46}$$

$$\text{约束}\quad \sum_{j\in\mathcal{N}}\lambda_{ij}(t)p_{ij}(t)\leqslant C_i \tag{4.47}$$

$$\sum_{j\in\mathcal{N}}\lambda_{ij}(t)=1,\forall i\in\mathcal{M} \tag{4.48}$$

其中$G_i(t)$和C_i是常数,所以需要最小化$\left[G_i(t)p_{ij}(t)+V\frac{\sqrt{2}l_i}{\sqrt{\beta_i}\epsilon_{ij}(t)}\right]\lambda_{ij}(t)$。因此,选择$G_i(t)p_{ij}(t)+V\frac{\sqrt{2}l_i}{\sqrt{\beta_i}\epsilon_{ij}(t)}$最小的参与者$j$,并将参与者的权重指定为1。也就是说,当感知数据被聚合时,计算$G_i(t)p_{ij}(t)+V\frac{\sqrt{2}l_i}{\sqrt{\beta_i}\epsilon_{ij}(t)}$,$\forall i\in\mathcal{M},j\in\mathcal{N}$,选择最小$G_i(t)p_{ij}(t)+V\frac{\sqrt{2}l_i}{\sqrt{\beta_i}\epsilon_{ij}(t)}$的参与者上传的感知数据作为最终的聚合感知数据。解决方法如下:

$$\lambda_{ij}(t)=\begin{cases}1, & \text{如果 } j=j_i^*\\ 0, & \text{其他}\end{cases} \tag{4.49}$$

其中$j_i^*=\arg\min\limits_{j\in\mathcal{N}}\left[G_i(t)p_{ij}(t)+V\frac{\sqrt{2}l_i}{\sqrt{\beta_i}\epsilon_{ij}(t)}\right],\forall i\in\mathcal{M}$。

需要注意的是,在上述优化问题中,目标函数和约束条件的参数都是已知的,因此可以求解$\lambda_{ij}(t)$。算法 4-1 给出了参与者选择和权重确定算法。

算法 4-1:参与者选择和权重确定算法

输入:权衡因子V、感知i类型任务的参与者j的平台支付$p_{ij}(t)$、i类型感知任务给予参与者j的隐私保护水平$\epsilon_{ij}(t)$、i类型感知任务的置信度β_i、i类型感知任务的平台预算C_i、i类型感知任务的虚拟队列长度$G_i(t)$。

输出:分配给i类型感知任务参与者j的权重$\lambda_{ij}(t)$。

1. 对于 $i\in\mathcal{M}$,如果 $j=j_i^*$,$j_i^*=\arg\min\limits_{j\in\mathcal{N}}\left[G_i(t)p_{ij}(t)+V\dfrac{\sqrt{2}l_i}{\sqrt{\beta_i\epsilon_{ij}(t)}}\right]$,那么返回 $\lambda_{ij}(t)=1$;

2. 否则,返回 $\lambda_{ij}(t)=0$。

(3) 接入控制算法:通过最小化式(4.36)确定到达平台的聚合感知数据的接入控制,然后计算 $r_{ij}(t)$,以满足以下子问题:

$$\min_{r_{ij}(t)}(Q_{ij}(t)-\theta_{ij})r_{ij}(t) \tag{4.50}$$

$$\text{约束}\quad 0\leqslant r_{ij}(t)\leqslant\lambda_{ij}(t)a_{ij}(t) \tag{4.51}$$

$r_{ij}(t)$的值满足以下公式:

$$r_{ij}(t)=\begin{cases}\lambda_{ij}(t)a_{ij}(t), & \text{如果 } Q_{ij}(t)\leqslant\theta_{ij}\\ 0, & \text{如果 } Q_{ij}(t)>\theta_{ij}\end{cases} \tag{4.52}$$

注意,在上述优化问题中,分配给参与者 j 的 i 类型感知任务的权重 $\lambda_{ij}(t)$已通过最小化公式(4.46)导出,其他参数均已知,因此可以求解 $r_{ij}(t)$。接入控制算法如算法 4-2 所示。

算法 4-2:接入控制算法

输入:i 类型感知任务分配给参与者 j 的权重 $\lambda_{ij}(t)$、i 类型感知任务防止参与者 j 下溢的参数 θ_{ij}、i 类型参与者 j 到达平台 $a_{ij}(t)$的感知任务数、参与者 j 的 i 类型感知任务队列长度 $Q_{ij}(t)$。

输出:i 类型平台接收到的参与者 j 的感知任务数 $r_{ij}(t)$。

1. 对于 $i\in\mathcal{M}$,如果 $Q_{ij}(t)\leqslant\theta_{ij}$,那么返回 $\lambda_{ij}(t)a_{ij}(t)$;

2. 否则,返回 0。

(4) 数据聚合算法:根据最小化公式(4.36),可以得到

$$\max_{x_{ij}(t)}(Q_{ij}(t)-\theta_{ij}-H_{ij}(t))x_{ij}(t) \tag{4.53}$$

可以得到满足感知数据的数据聚合控制:

$$x_{ij}(t)=\begin{cases}x^{\max}, & \text{如果 } Q_{ij}(t)-\theta_{ij}\geqslant H_{ij}(t)\\ 0, & \text{如果 } Q_{ij}(t)-\theta_{ij}<H_{ij}(t)\end{cases} \tag{4.54}$$

注意,由于上述优化问题中的所有参数都是已知的,所以可以解决 $x_{ij}(t)$。数据聚合算法如算法 4-3 所示。

算法 4-3:数据聚合算法

输入:i 类型参与者 j 的感知任务虚拟队列长度 $H_{ij}(t)$、平台处理的最大感知任务数 $x^{\max}$、i 类型参与者 j 的感知任务队列长度 $Q_{ij}(t)$。

输出：i 类型参与者 j 处理的感知任务数 $x_{ij}(t)$。

1. 对于 $i \in \mathcal{M}$，如果 $Q_{ij}(t)-\theta_{ij} \geqslant H_{ij}(t)$，那么返回 $x^{\max}$；

2. 否则，返回 0。

最后根据式(4.52)和(4.54)计算的结果更新感知任务队列 Q_{ij}。所提出的在线控制流如图 4.3 所示。

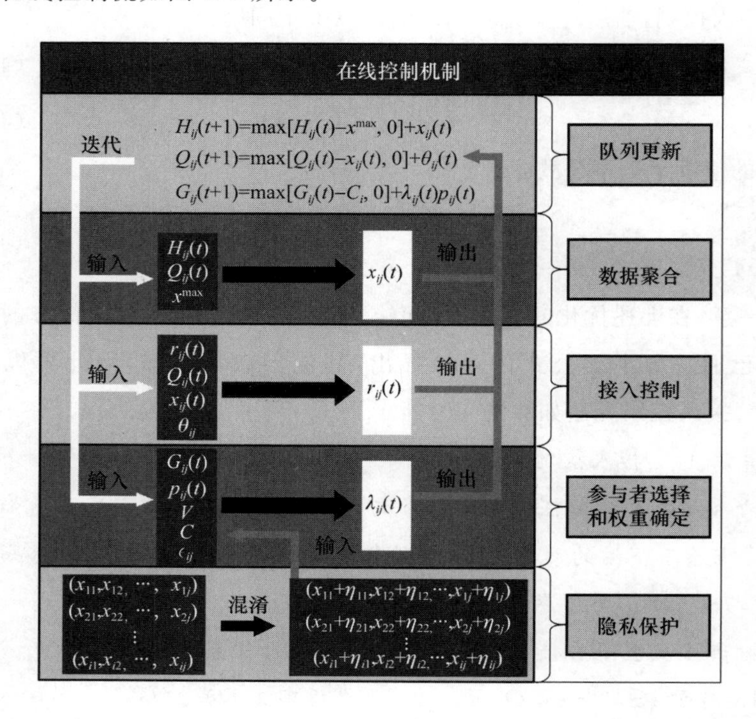

图 4.3　本章提出的在线控制流

4.3.4　改进的参与者选择和权重确定算法

根据标准的 Lyapunov 随机优化，假设上述在线控制机制中的所有决策（即参与者选择和权重确定、接入控制和数据聚合）都在每个时隙中进行。也就是说，所有感知任务的决策时间是相同的。然而，在现实中，不同的感知任务往往需要不同的时间来做出决定。例如，将温度上传到平台通常需要几秒钟，而接收道路交通视频通常需要几分钟或几个小时。因此，在这种情况下，针对不同感知任务做出决策的时间是不同的。更具体地说，使用 s_i 来表示处理类型 i，$\forall i \in \mathcal{M}$ 的感知任务的时隙。

在 i 类型感知任务的接入控制中，时隙 t 的状态直接影响到之后的 $t+1, t+2, \cdots, t+s_i-1$ 时隙。提出的在线控制机制不能解决这一问题，因此需要设计一种改进的机制来解决处理不同类型任务所需时间不同的问题。更具体地说，将总时间划分为时间段，每个时间段有 T 个时隙，$T \geqslant s^{\max}$，$s^{\max} = \max\limits_{i \in \mathcal{M}} s_i$。然后控制一个时间段中的每个时隙。对于感知任务的接入控制，允许进入的感知任务在每个时间段分为两种情况：第一种情况是平台接收和处理的感知任务集，用 $N_i(t)$ 和 $N_i(t) = \{i \mid nT \leqslant t \leqslant (n+1)T - s_i\}$ 来表示这组执行 i 类型感知任务的参与者集；第二种情况是到达平台但平台没有接收到的一组感知任务，用 $N_i'(t)$ 和 $N_i'(t) = \{j \mid (n+1)T - s_i + 1 \leqslant t \leqslant (n+1)T - 1\}$ 表示执行 i 类型感知任务的参与者集。之后分别处理这两种情况。具体算法在算法 4-4 中给出。

算法 4-4：改进的参与者选择和权重确定算法

输入：折中因子 V、i 类型感知任务的参与者 j 的平台支付 $p_{ij}(t)$、参与者 j 对 i 类型感知任务的隐私保护水平 $\epsilon_{ij}(t)$、i 类型感知任务的置信度 β_i、i 类型感知任务的平台预算 C_i、i 类型感知任务的虚拟队列长度 $G_i(t)$、时间段大小 T、处理 i 类型数据聚合任务的时隙 s_i。

输出：分配给 i 类型感知任务的参与者 j 的权重 $\lambda_{ij}(t)$。

1. 对于 $i \in \mathcal{M}$，得到 $N_i(t)$ 和 $N_i'(t)$；

2. 如果 $j = j_i^*$，$j_i^* = \arg\min\limits_{j \in \mathcal{N}_i(t)} \left[G_i(t) p_{ij}(t) + V \dfrac{\sqrt{2} l_i}{\sqrt{\beta_i} \epsilon_{ij}(t)} \right]$，那么返回 $\lambda_{ij}(t) = 1$；

3. 否则，返回 $\lambda_{ij}(t) = 0$。

4.3.5 最优性、收敛性与计算复杂性分析

通过以下定理来分析所提机制的最优性。

定理 3 对于任何一个感知任务的到达，应用在线控制机制可得到如下定理：

(1) 在任何时隙中,感知任务队列具有以下不等式:

$$\sum_{i\in\mathcal{M}}\sum_{j\in\mathcal{N}}[(\overline{Q_{ij}}-\theta_{ij})+\overline{G_{ij}}+\overline{H_{ij}}]$$
$$\leqslant\frac{B}{\varepsilon}+\frac{V}{\varepsilon}\left[\sum_{i\in\mathcal{M}}\sum_{j\in\mathcal{N}}\frac{\sqrt{2}l_i\overline{\lambda_{ij}}}{\sqrt{\beta_i}\overline{\epsilon_{ij}}}-\sum_{i\in\mathcal{M}}\sum_{j\in\mathcal{N}}\frac{\sqrt{2}l_i\lambda_{ij}^*}{\sqrt{\beta_i}\overline{\epsilon_{ij}}}\right] \tag{4.55}$$

其中 $\varepsilon>0$ 和 λ_{ij}^* 是本章提出机制的最优解。

(2) 通过所提机制获得的时间平均数据聚合误差与最小数据聚合误差之间的差异以$\frac{B}{V}$为界,即

$$\sum_{i\in\mathcal{M}}\sum_{j\in\mathcal{N}}\frac{\sqrt{2}l_i\overline{\lambda_{ij}}}{\sqrt{\beta_i}\overline{\epsilon_{ij}}}\leqslant\sum_{i\in\mathcal{M}}\sum_{j\in\mathcal{N}}\frac{\sqrt{2}l_i\lambda_{ij}^*}{\sqrt{\beta_i}\overline{\epsilon_{ij}}}+\frac{B}{V} \tag{4.56}$$

(3) 假设 $Q_{ij}(0)=\theta_{ij}$,$G_{ij}(0)=0$,$H_{ij}(0)=0$,得到如下性质。

① 数据聚合任务队列 $Q_{ij}(t)$的边界是

$$0\leqslant Q_{ij}(t)\leqslant\theta_{ij}+a_{ij}(t) \tag{4.57}$$

② 虚拟队列 $G_{ij}(t)$的边界为

$$G_{ij}(t)\leqslant p^{\max} \tag{4.58}$$

其中 $p^{\max}=\max\limits_{i\in Mj\in Nt\in T=\{0,1,\cdots,t-1\}}p_{ij}(t)$。

③ 虚拟队列 $H_{ij}(t)$的边界是

$$H_{ij}(t)\leqslant a_{ij}(t)+x^{\max} \tag{4.59}$$

④ 对于任何扰动参数 θ_{ij},如果满足

$$\theta_{ij}>2x^{\max} \tag{4.60}$$

则数据聚合任务队列 $Q_{ij}(t)$不会出现下溢。

证明:根据引理 3 中的漂移加惩罚函数,得到

$$\Delta(t)\leqslant B-E\Big\{\sum_{i\in\mathcal{M}}\sum_{j\in\mathcal{N}}[x_{ij}(t)-r_{ij}(t)](Q_{ij}(t)-\theta_{ij})\Big\}-$$
$$E\Big\{\sum_{i\in\mathcal{M}}\sum_{j\in\mathcal{N}}[C_i-\sum_{i\in\mathcal{M}}\sum_{j\in\mathcal{N}}\lambda_{ij}(t)p_{ij}(t)]G_{ij}(t)\Big\}-$$
$$E\Big\{\sum_{i\in\mathcal{M}}\sum_{j\in\mathcal{N}}[x_{\max}-x_{ij}(t)]H_{ij}(t)\Big\} \tag{4.61}$$

然后有

$$\Delta(t)+VE\left[\sum_{i\in\mathcal{M}}\sum_{j\in\mathcal{N}}\frac{\sqrt{2}l_i\lambda_{ij}(t)}{\sqrt{\beta_i}\epsilon_{ij}(t)}\right]\leqslant B+VE\left[\sum_{i\in\mathcal{M}}\sum_{j\in\mathcal{N}}\frac{\sqrt{2}l_i\lambda_{ij}(t)}{\sqrt{\beta_i}\epsilon_{ij}(t)}\right]-$$
$$E\left\{\sum_{i\in\mathcal{M}}\sum_{j\in\mathcal{N}}[x_{ij}(t)-r_{ij}(t)](Q_{ij}(t)-\theta_{ij})\right\}-$$
$$E\left\{\sum_{i\in\mathcal{M}}\sum_{j\in\mathcal{N}}[C_i-\sum_{i\in\mathcal{M}}\sum_{j\in\mathcal{N}}\lambda_{ij}(t)p_{ij}(t)]G_{ij}(t)\right\}-$$
$$E\left\{\sum_{i\in\mathcal{M}}\sum_{j\in\mathcal{N}}[x_{\max}-x_{ij}(t)]H_{ij}(t)\right\} \tag{4.62}$$

假设存在一种在线控制机制,如果以下不等式成立,则该机制可获得最佳数据聚合误差 $\sum_{i\in\mathcal{M}}\sum_{j\in\mathcal{N}}\frac{\sqrt{2}l_i\lambda_{ij}^*}{\sqrt{\beta_i}\,\overline{\epsilon_{ij}}}$:

$$E[x_{ij}(t)-r_{ij}(t)]\geqslant\varepsilon \tag{4.63}$$

$$E\left[C_i-\sum_{i\in\mathcal{M}}\sum_{j\in\mathcal{N}}\lambda_{ij}(t)p_{ij}(t)\right]\geqslant\varepsilon \tag{4.64}$$

$$E[x_{\max}-x_{ij}(t)]\geqslant\varepsilon, \tag{4.65}$$

其中 $\varepsilon>0$,则式(4.62)可以写成

$$\Delta(t)+VE\left[\sum_{i\in\mathcal{M}}\sum_{j\in\mathcal{N}}\frac{\sqrt{2}l_i\lambda_{ij}^*}{\sqrt{\beta_i}\,\overline{\epsilon_{ij}}}\right]\leqslant B+VE\left[\sum_{i\in\mathcal{M}}\sum_{j\in\mathcal{N}}\frac{\sqrt{2}l_i\lambda_{ij}(t)}{\sqrt{\beta_i}\epsilon_{ij}(t)}\right]-$$
$$\varepsilon E\left\{\sum_{i\in\mathcal{M}}\sum_{j\in\mathcal{N}}[(Q_{ij}(t)-\theta_{ij})+G_{ij}(t)+H_{ij}(t)]\right\} \tag{4.66}$$

通过总结关于 t 的不等式(4.66),有

$$\lim_{t\to\infty}\{E[\Delta(t)]-E[\Delta(0)]\}+\lim_{t\to\infty}tVE\left[\sum_{i\in\mathcal{M}}\sum_{j\in\mathcal{N}}\frac{\sqrt{2}l_i\lambda_{ij}^*}{\sqrt{\beta_i}\,\overline{\epsilon_{ij}}}\right]$$
$$\leqslant\lim_{t\to\infty}tB+V\lim_{t\to\infty}\sum_{\tau=0}^{t-1}E\left[\sum_{i\in\mathcal{M}}\sum_{j\in\mathcal{N}}\frac{\sqrt{2}l_i\lambda_{ij}(t)}{\sqrt{\beta_i}\epsilon_{ij}(t)}\right]-$$
$$\varepsilon\lim_{t\to\infty}\sum_{\tau=0}^{t-1}E\left\{\sum_{i\in\mathcal{M}}\sum_{j\in\mathcal{N}}[(Q_{ij}(t)-\theta_{ij})+G_{ij}(t)+H_{ij}(t)]\right\} \tag{4.67}$$

重新排列式(4.67),已知 $\lim_{t\to\infty}\frac{E[\Delta(0)]}{Vt}=\lim_{t\to\infty}\frac{E[\Delta(t)]}{Vt}=0$,有

$$\begin{aligned}&\sum_{i\in\mathcal{M}}\sum_{j\in\mathcal{N}}[(\overline{Q_{ij}}-\theta_{ij})+\overline{G_{ij}}+\overline{H_{ij}}]\\&\leqslant\frac{B}{\varepsilon}+\frac{V}{\varepsilon}\left(\sum_{i\in\mathcal{M}}\sum_{j\in\mathcal{N}}\frac{\sqrt{2}l_i\,\overline{\lambda_{ij}}}{\sqrt{\beta_i}\,\overline{\epsilon_{ij}}}-\sum_{i\in\mathcal{M}}\sum_{j\in\mathcal{N}}\frac{\sqrt{2}l_i\lambda_{ij}^*}{\sqrt{\beta_i}\,\overline{\epsilon_{ij}}}\right)\end{aligned} \tag{4.68}$$

类似地,假设存在一种在线控制机制,如果以下不等式成立,则该机制可获得最佳数据聚合误差 $\sum_{i\in\mathcal{M}}\sum_{j\in\mathcal{N}}\frac{\sqrt{2}l_i\lambda_{ij}^*}{\sqrt{\beta_i}\,\overline{\epsilon_{ij}}}$:

$$E[r_{ij}(t)-x_{ij}(t)]\leqslant\xi \tag{4.69}$$

$$E\Big[\sum_{i\in\mathcal{M}}\sum_{j\in\mathcal{N}}\lambda_{ij}(t)p_{ij}(t)-C_i\Big]\leqslant\xi \tag{4.70}$$

$$E[x_{ij}(t)-x_{\max}]\leqslant\xi \tag{4.71}$$

其中 $\xi>0$，则式(4.62)可以写成

$$\Delta(t)+VE\left\{\sum_{i\in\mathcal{M}}\sum_{j\in\mathcal{N}}\frac{\sqrt{2}l_i\lambda_{ij}(t)}{\sqrt{\beta_i\epsilon_{ij}(t)}}\right\}\leqslant B+VE\left\{\sum_{i\in\mathcal{M}}\sum_{j\in\mathcal{N}}\frac{\sqrt{2}l_i\lambda_{ij}^{*}}{\sqrt{\beta_i\epsilon_{ij}}}\right\}+$$
$$\xi E\left\{\sum_{i\in\mathcal{M}}\sum_{j\in\mathcal{N}}[(Q_{ij}(t)-\theta_{ij})+G_{ij}(t)+H_{ij}(t)]\right\} \tag{4.72}$$

通过总结关于 t 的不等式(4.72)，有

$$\lim_{t\to\infty}\{E[\Delta(t)]-E[\Delta(0)]\}+V\lim_{t\to\infty}\sum_{\tau=0}^{t-1}E\left\{\sum_{i\in\mathcal{M}}\sum_{j\in\mathcal{N}}\frac{\sqrt{2}l_i\lambda_{ij}(t)}{\sqrt{\beta_i\epsilon_{ij}(t)}}\right\}$$
$$\leqslant\lim_{t\to\infty}tB+\lim_{t\to\infty}\sum_{\tau=0}^{t-1}tVE\left\{\sum_{i\in\mathcal{M}}\sum_{j\in\mathcal{N}}\frac{\sqrt{2}l_i\lambda_{ij}^{*}}{\sqrt{\beta_i\epsilon_{ij}}}\right\}+$$
$$\xi\lim_{t\to\infty}\sum_{\tau=0}^{t-1}E\left\{\sum_{i\in\mathcal{M}}\sum_{j\in\mathcal{N}}[(Q_{ij}(t)-\theta_{ij})+G_{ij}(t)+H_{ij}(t)]\right\} \tag{4.73}$$

重新排列式(4.73)，已知 $\lim\limits_{t\to\infty}\frac{E[\Delta(0)]}{Vt}=\lim\limits_{t\to\infty}\frac{E[\Delta(t)]}{Vt}=0$，有

$$\sum_{i\in\mathcal{M}}\sum_{j\in\mathcal{N}}\frac{\sqrt{2}l_i\overline{\lambda_{ij}}}{\sqrt{\beta_i\epsilon_{ij}}}\leqslant\sum_{i\in\mathcal{M}}\sum_{j\in\mathcal{N}}\frac{\sqrt{2}l_i\lambda_{ij}^{*}}{\sqrt{\beta_i\epsilon_{ij}}}+\frac{B}{V} \tag{4.74}$$

因此(1)和(2)得证。接下来证明(3)。

证明①。当 $t=0$ 时，存在 $Q_{ij}(t)=\theta_{ij}$，且不等式成立。根据数学归纳法，只需证明当 $Q_{ij}(t)\leqslant\theta_{ij}+a_{ij}(t)$ 成立时，$Q_{ij}(t+1)\leqslant\theta_{ij}+a_{ij}(t)$ 也成立。如果 $\theta_{ij}\leqslant Q_{ij}(t)\leqslant\theta_{ij}+a_{ij}(t)$，根据式(4.52)，得到 $r_{ij}(t)=0$. $Q_{ij}(t+1)=\max[Q_{ij}(t)-x_{ij}(t),0]+r_{ij}(t)=\max[Q_{ij}(t)-x_{ij}(t),0]$。因为 $Q_{ij}(t)\leqslant\theta_{ij}+a_{ij}(t)$，所以 $Q_{ij}(t)-x_{ij}(t)\leqslant\theta_{ij}+a_{ij}(t)$ 和 $0\leqslant\theta_{ij}+a_{ij}(t)$，从而 $Q_{ij}(t+1)=\max[Q_{ij}(t)-x_{ij}(t),0]+r_{ij}(t)=\max[Q_{ij}(t)-x_{ij}(t),0]<\theta_{ij}+a_{ij}(t)$。若 $Q_{ij}(t)<\theta_{ij}$，根据式(4.52)，有 $r_{ij}(t)=\lambda_{ij}(t)a_{ij}(t)\leqslant a_{ij}(t)$ 和 $\max[Q_{ij}(t)-x_{ij}(t),0]\leqslant\theta_{ij}$，从而 $Q_{ij}(t+1)=\max[Q_{ij}(t)-x_{ij}(t),0]+r_{ij}\leqslant\theta_{ij}+a_{ij}(t)$。因此，证明了①部分。

证明②。当 $t=0$ 时，有 $G_{ij}(t)=0$，且不等式成立。根据数学归纳法，只需要证明当 $G_{ij}(t)\leqslant p^{\max}$ 成立时，$G_{ij}(t+1)\leqslant p^{\max}$ 也成立。如果 $G_{ij}(t)>C_i$，由于 $C_i\geqslant\sum\limits_{i\in\mathcal{M}}\sum\limits_{j\in\mathcal{N}}\lambda_{i,j}(t)p_{ij}(t)$，得到 $G_{ij}(t+1)=\max[G_{ij}(t)-C_i,0]+$

$\sum_{i\in\mathcal{M}}\sum_{j\in\mathcal{N}}\lambda_{ij}(t)p_{ij}(t)=G_{ij}(t)-C_i+\sum_{i\in\mathcal{M}}\sum_{j\in\mathcal{N}}\lambda_{ij}(t)p_{ij}(t)\leqslant p^{\max}$。如果$G_{ij}(t)\leqslant C_i$，因为$\sum_{i\in\mathcal{M}}\sum_{j\in\mathcal{N}}\lambda_{ij}(t)=1$，所以$\sum_{i\in\mathcal{M}}\sum_{j\in\mathcal{N}}\lambda_{i,j}(t)p_{ij}(t)\leqslant p^{\max}$，从而$G_{ij}(t+1)=\max[G_{ij}(t)-C_i,0]+\sum_{i\in M}\sum_{j\in\mathcal{N}}\lambda_{ij}(t)p_{ij}(t)=0+\sum_{i\in\mathcal{M}}\sum_{j\in\mathcal{N}}\lambda_{ij}(t)p_{ij}(t)\leqslant p^{\max}$。因此，证明了②部分。

证明③。当$t=0$时，存在$H_{ij}(t)=0$，且不等式成立。根据数学归纳法，只需证明当$H_{ij}(t)\leqslant a_{ij}(t)+x^{\max}$成立时，$H_{ij}(t+1)\leqslant a_{ij}(t)+x^{\max}$也成立。若$H_{ij}(t)>Q_{ij}(t)-\theta_{ij}$，根据式(4.54)，$x_{ij}(t)=0$，有$H_{ij}(t+1)=\max[H_{ij}(t)-x^{\max},0]+x_{ij}(t)\leqslant a_{ij}(t)+x^{\max}$。如果$H_{ij}(t)\leqslant Q_{ij}(t)-\theta_{ij}$，则根据式(4.54)，有$x_{ij}(t)=x^{\max}$，因为$Q_{ij}(t)\leqslant\theta_{ij}+a_{ij}(t)$，$H_{ij}(t)\leqslant Q_{ij}(t)-\theta_{ij}\leqslant a_{ij}(t)$，所以$H_{ij}(t+1)=\max[H_{ij}(t)-x^{\max},0]+x_{ij}(t)\leqslant a_{ij}(t)+x^{\max}$。因此，证明了③部分。

证明④。因为$Q_{ij}(t+1)=\max[Q_{ij}(t)-x_{ij}(t),0]+r_{ij}(t)$且$x_{ij}(t)\leqslant x^{\max}$，$Q_{ij}(t)$没有下溢意味着$Q_{ij}(t)>x^{\max}$，那么需要证明如果$Q_{ij}(t)>x^{\max}$成立，那么$Q_{ij}(t+1)>x^{\max}$也成立。当$Q_{ij}(t)>2x^{\max}$时，有$Q_{ij}(t+1)=\max[Q_{ij}(t)-x_{ij}(t),0]+a_{ij}(t)=Q_{ij}(t)-x_{ij}(t)+a_{ij}(t)>x^{\max}$。这意味着当$Q_{ij}(t)>2x^{\max}$时，无论$\theta_{ij}$是什么，$Q_{ij}(t)$都没有下溢。当$2x^{\max}\geqslant Q_{ij}(t)>x^{\max}$时，根据式(4.54)，如果$Q_{ij}(t)-\theta_{ij}<H_{ij}(t)$，$x_{ij}(t)=0$，即$\theta_{ij}>Q_{ij}(t)-H_{ij}(t)$，那么$Q_{ij}(t+1)=\max[Q_{ij}(t)-x_{ij}(t),0]+a_{ij}(t)>Q_{ij}(t)>x^{\max}$。这意味着当$2x^{\max}\geqslant Q_{ij}(t)>x^{\max}$时，如果想得到$Q_{ij}(t)$没有下溢，需要设置$\theta_{ij}>2x^{\max}>Q_{ij}(t)>Q_{ij}(t)-H_{ij}(t)$，使得$Q_{ij}(t+1)=\max[Q_{ij}(t)-x_{ij}(t),0]+a_{ij}(t)>Q_{ij}(t)>x^{\max}$。结合以上两个条件，证明了④部分。

因此，定理 3 得证。

定理 3 的(1)中的声明说明了所有的感知任务队列都以$O(V)$为界，从而保证了系统的稳定性。(2)中的结果证明了所提机制所获得的时间平均数据聚集误差与最小数据聚集误差以$O(1/V)$为界的差异。(3)中的属性验证了每个队列都有自己的上限，扰动参数有其下界。定理 3 说明了数据聚合误差和系统稳定性之间的权衡。更具体地说，增加V可以使所提机制产生的数据聚集误差更接近于最小的数据聚集误差，但是增加V可能会导致更长的队列长度并影响系统的稳定性。

所提机制的收敛性如下所示。

定理 4 如果所提在线控制机制保证以下概率为 1 的不等式(w. p. 1)：

$$\Delta(t)+VE\left[\sum_{i\in\mathcal{M}}\sum_{j\in\mathcal{N}}\frac{\sqrt{2}l_i\lambda_{ij}(t)}{\sqrt{\beta_i\epsilon_{ij}(t)}}\right]$$

$$\leqslant B+VE\left[\sum_{i\in\mathcal{M}}\sum_{j\in\mathcal{N}}\frac{\sqrt{2}l_i\lambda_{ij}^*}{\sqrt{\beta_i\epsilon_{ij}(t)}}\right]-$$

$$\varepsilon E\left\{\sum_{i\in\mathcal{M}}\sum_{j\in\mathcal{N}}[(Q_{ij}(t)-\theta_{ij})+G_{ij}(t)+H_{ij}(t)]\right\} \tag{4.75}$$

其中，$\varepsilon>0$，$E\left[\sum_{i\in\mathcal{M}}\sum_{j\in\mathcal{N}}\frac{\sqrt{2}l_i\lambda_{i,j}^{a}}{\sqrt{\beta_i\epsilon_{ij}(t)}}\right]$ 是数据聚集误差最小化问题的最优数据聚集误差，那么

$$\limsup_{t\to\infty}\frac{1}{t}\sum_{\tau=0}^{t-1}\sum_{i\in\mathcal{M}}\sum_{j\in\mathcal{N}}\frac{\sqrt{2}l_i\lambda_{ij}(t)}{\sqrt{\beta_i\epsilon_{ij}(t)}}\leqslant\sum_{i\in\mathcal{M}}\sum_{j\in\mathcal{N}}\frac{\sqrt{2}l_i\lambda_{ij}^*}{\sqrt{\beta_i\overline{\epsilon_{ij}}}}+\frac{B}{V}(\text{w. p. 1}) \tag{4.76}$$

并且如果

$$\Delta(t)+VE\left[\sum_{i\in\mathcal{M}}\sum_{j\in\mathcal{N}}\frac{\sqrt{2}l_i\lambda_{ij}(t)}{\sqrt{\beta_i\epsilon_{ij}(t)}}\right]$$

$$\leqslant B+VE\left[\sum_{i\in\mathcal{M}}\sum_{j\in\mathcal{N}}\frac{\sqrt{2}l_i\lambda_{ij}^*}{\sqrt{\beta_i\epsilon_{ij}(t)}}\right]-$$

$$\varepsilon E\left\{\sum_{i\in\mathcal{M}}\sum_{j\in\mathcal{N}}[(Q_{ij}(t)-\theta_{ij})+G_{ij}(t)+H_{ij}(t)]\right\}(\text{w. p. 1}) \tag{4.77}$$

那么

$$\limsup_{t\to\infty}\frac{1}{t}\sum_{\tau=0}^{t-1}\sum_{i\in\mathcal{M}}\sum_{j\in\mathcal{N}}[(Q_{ij}(t)-\theta_{ij})+G_{ij}(t)+H_{ij}(t)]$$

$$\leqslant\frac{B}{\varepsilon}+\frac{V}{\varepsilon}\left[\sum_{i\in\mathcal{M}}\sum_{j\in\mathcal{N}}\frac{\sqrt{2}l_i\overline{\lambda_{ij}}}{\sqrt{\beta_i\overline{\epsilon_{ij}}}}-\sum_{i\in\mathcal{M}}\sum_{j\in\mathcal{N}}\frac{\sqrt{2}l_i\lambda_{ij}^*}{\sqrt{\beta_i\overline{\epsilon_{ij}}}}\right](\text{w. p. 1}) \tag{4.78}$$

证明：首先定义

$$Y(t)=\Delta(t)+V\sum_{i\in\mathcal{M}}\sum_{j\in\mathcal{N}}\frac{\sqrt{2}l_i\lambda_{ij}(t)}{\sqrt{\beta_i\epsilon_{ij}(t)}}-$$

$$\sum_{i\in\mathcal{M}}\sum_{j\in\mathcal{N}}[(Q_{ij}(t)-\theta_{ij}+G_{ij}(t)+H_{ij}(t)] \tag{4.79}$$

然后有

$$Y^2(t)\leqslant 4[\Delta(t)]2+4\left[V\sum_{i\in\mathcal{M}}\sum_{j\in\mathcal{N}}\frac{\sqrt{2}l_i\lambda_{ij}(t)}{\sqrt{\beta_i\epsilon_{ij}}}\right]^2+$$

$$4\left\{\sum_{i\in\mathcal{M}}\sum_{j\in\mathcal{N}}\left[(Q_{ij}(t)-\theta_{ij})+G_{ij}(t)+H_{ij}(t)\right]\right\}^2 \tag{4.80}$$

得到 $\sum_{t=0}^{\infty}\frac{E[Y(t)^2]}{t^2}\leqslant\infty$。下一步定义 $\hat{Y}(t)=Y(t)-E[Y(t)]$，然后得到 $\sum_{t=0}^{\infty}\frac{E[\hat{Y}(t)^2]}{t^2}\leqslant\infty$。根据大数定律，可以得到如下方程：

$$\lim_{t\to\infty}\frac{1}{t}\sum_{\tau=0}^{t-1}\hat{Y}(\tau)=0(\text{w. p. }1) \tag{4.81}$$

根据式(4.75)，可导出 $E[Y(t)]\leqslant B+VE\left[\sum_{i\in\mathcal{M}}\sum_{j\in\mathcal{N}}\frac{\sqrt{2}l_i\lambda_{ij}^*}{\sqrt{\beta_i}\,\overline{\epsilon_{ij}}}\right]$。因为 $Y(t)=\hat{Y}(t)+E[Y(t)]$，有

$$\limsup_{t\to\infty}\frac{1}{t}\sum_{\tau=0}^{t-1}Y(\tau)\leqslant B+V\sum_{i\in\mathcal{M}}\sum_{j\in\mathcal{N}}\frac{\sqrt{2}l_i\lambda_{ij}^*}{\sqrt{\beta_i}\,\overline{\epsilon_{ij}}} \tag{4.82}$$

然后有

$$\frac{1}{V}\limsup_{t\to\infty}\frac{1}{t}\sum_{\tau=0}^{t-1}Y(\tau)\leqslant\sum_{i\in\mathcal{M}}\sum_{j\in\mathcal{N}}\frac{\sqrt{2}l_i\lambda_{ij}^*}{\sqrt{\beta_i}\,\overline{\epsilon_{ij}}}+\frac{B}{V} \tag{4.83}$$

根据式(4.79)，有

$$Y(t)\geqslant V\sum_{i\in\mathcal{M}}\sum_{j\in\mathcal{N}}\frac{\sqrt{2}l_i\lambda_{ij}(t)}{\sqrt{\beta_i}\epsilon_{ij}} \tag{4.84}$$

即

$$\limsup_{t\to\infty}\frac{1}{t}\sum_{i\in\mathcal{M}}\sum_{j\in\mathcal{N}}\frac{\sqrt{2}l_i\lambda_{ij}(t)}{\sqrt{\beta_i}\epsilon_{ij}}\leqslant\frac{1}{V}\limsup_{t\to\infty}\frac{1}{t}\sum_{\tau=0}^{t-1}Y(\tau) \tag{4.85}$$

将式(4.83)和式(4.85)结合，可以得到式(4.76)(w. p. 1)。

同样，定义

$$Z(t)=\Delta(t)-\sum_{i\in\mathcal{M}}\sum_{j\in\mathcal{N}}\left[(Q_{ij}(t)-\theta_{ij})+G_{ij}(t)+H_{ij}(t)\right] \tag{4.86}$$

式(4.78)可通过重复上述证明得出(w. p. 1)，从而证明了定理 4。

所提机制的计算复杂度如下。

定理 5 DREAM 和 DREAM$^+$ 计算效率高，即算法 4-1 的时间复杂度为 $O(MN)$，算法 4-2 的时间复杂度为 $O(M)$，算法 4-3 的时间复杂度为 $O(M)$，算法 4-4 的时间复杂度为 $O(MN)$。

证明：对于算法 4-1，for 循环需要 M 次迭代，则时间复杂度为 $O(M)$。

求最小的$G_i(t)p_{ij}(t)+V\frac{\sqrt{2}l_i}{\sqrt{\beta_i\epsilon_{ij}}(t)}$，$\forall i\in\mathcal{M},j\in\mathcal{N}$，其时间复杂度为$O(MN)$。

对于算法 4-2 和算法 4-3，for 循环都需要 M 次迭代，因此算法 4-2 和算法 4-3 的总时间复杂度以 $O(M)$ 为界。

对于算法 4-4，for 循环取 M 次迭代，对于 for 循环的每次迭代，求最小 $G_i(t)p_{ij}(t)+V\frac{\sqrt{2}l_i}{\sqrt{\beta_i\epsilon_{ij}}(t)}$，$\forall i\in\mathcal{M},j\in\mathcal{N}$的时间复杂度为 $O(N)$，因此总时间复杂度以 $O(MN)$ 为界。

4.4 性能评估

在这一节中，进行了大量的仿真，以证明所提在线控制机制的有效性。

4.4.1 参数设置

考虑一个场景，其中有$|\mathcal{M}|=4$ 种感知任务，且有$|\mathcal{N}|=50$ 名参与者参与群智感知系统。为了获得参与者 j 对 i 类型感知任务的隐私保护水平，即 l_i/ϵ_{ij}，从[0.5,2]中随机选择 i 类型感知任务的敏感度，并从[0.4,0.5]中随机选择 ϵ_{ij}。系数 k 为 1。i 类型感知任务 C_i 的预算随机分布在$[0,C^{\max}]$上，其中 $C^{\max}=5$。i 类型感知任务的数据聚合误差置信区间为 $\beta_i=0.9$，$\forall i\in\mathcal{M}$。到达平台的任何类型的感知任务的最大数量为 $a^{\max}=60$。到达平台的 i 类型感知任务数量随机分布在$[0,a^{\max}]$上。平台处理的任何类型的感知任务的最大数量为 $x^{\max}=20$。平台处理的 i 类型感知任务数量从$[0,x^{\max}]$中随机选择。扰动参数的最大值为 $\theta^{\max}=30$。对于 i 类型感知任务，参与者 j 的扰动参数值 θ_{ij} 从$[0,\theta^{\max}]$中随机选择。处理一种类型的感知任务的最大时隙数为 $s^{\max}=10$。处理其他类型感知任务的时隙数随机分布在$[0,s^{\max}]$上。对于每个设置，所有结果的平均值超过 1 000 次独立运行。

4.4.2 平台的性能

所提机制的目标是获得最小的数据聚合误差，同时保持群智感知系统的稳定。时间平均数据聚合误差和感知任务的时间平均队列长度是本章感兴趣的两个指标。本节对比了在本节场景中作为基准的 Random 方法,其中数据聚合权重被随机分配给参与者,感知任务被平台接收而不受控制。本节还比较了 Weighted 方法,其中数据聚合权重与隐私保护水平成比例、接入控制模块与所提机制相同。此外,本节还比较了所提在线控制机制 DREAM 和 $DREAM^+$ 。

首先通过改变 V 来验证所提在线控制机制的性能。如图 4.4 所示,在这两种机制下,随着 V 的增加,数据聚集误差减小,队列长度增加。这是因为对数据聚合误差的关注度越高,队列长度的权重越小,到达平台的感知任务越多,平台就可以选择更多的参与者,因此队列长度越长,选择满足式(4.52)的参与者的概率就越高。此外,观察到当 V 足够大时,数据聚合误差和队列长度变化不大。正是由于 V 足够大,使得到达平台的所有感知任务都被平台接收到,所以在选择的参与者集中包含了对数据聚合误差贡献最小的被选择的参与者。综上所述,需要根据实际情况选择 V 来实现数据聚合误差和系统稳定性之间的平衡。DREAM 和 $DREAM^+$ 数据聚合误差无差异的原因是时隙段不影响参与者的选择。$DREAM^+$ 的队列长度小于 DREAM 的,因为在每个时间段,有些感知任务不被平台接受。

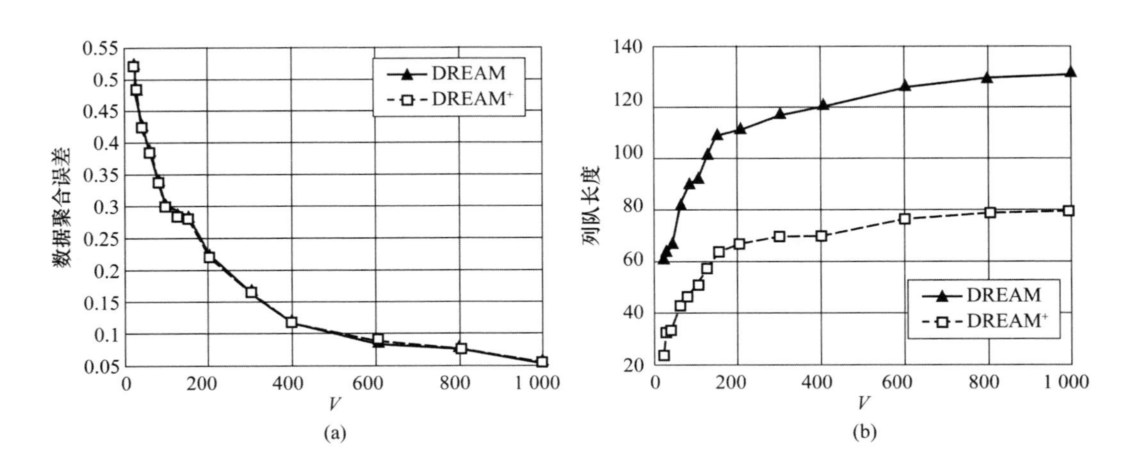

图 4.4　不同 V 下的性能比较

图 4.5 为不同 θ^{max} 下的性能比较。随着 θ^{max} 的增加，平台能够接收到的感知任务数量增加，导致感知任务的队列长度增加。但是，所选参与者集不变，满足式(4.52)的所选参与者不变，导致数据聚合误差不变。由于 DREAM 和 DREAM$^+$ 不受 θ^{max} 的影响，两种机制下的数据聚合误差变化不大。DREAM$^+$ 的队列长度小于 DREAM 的队列长度，因为 DREAM$^+$ 在每个时间段阻止了一些感知任务。

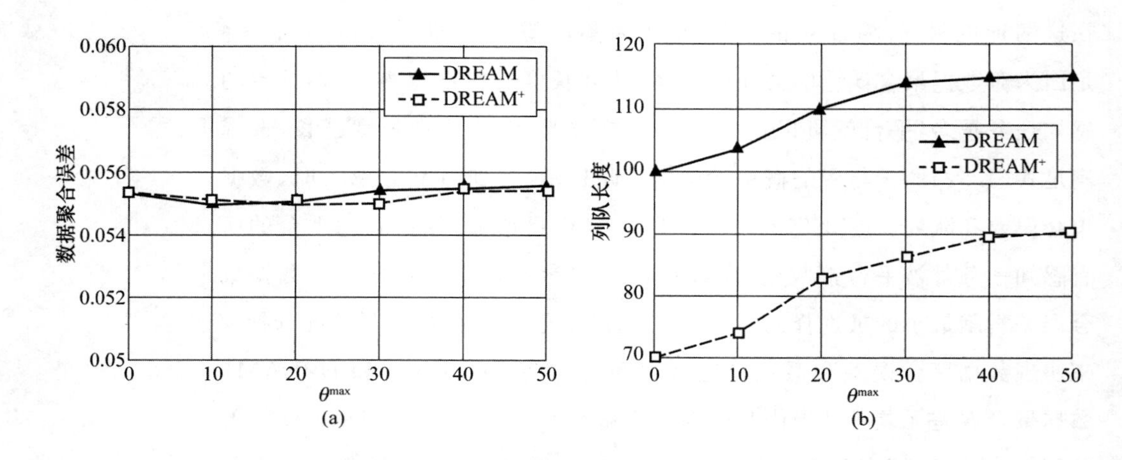

图 4.5　不同 θ^{max} 下的性能比较

图 4.6 显示了在不同 T 下的性能比较。DREAM$^+$ 的性能随 T 的增加而变化。从图 4.6(a)可以看出，随着 T 的增加，不同 V 下的数据聚合误差保持稳定，因为 T 不影响参与者的选择。大 V 下的数据聚合误差小于小 V 下的数据聚合误差，因为 V 越大，选择最优参与者的概率越大。如图 4.6(b)所示，随着 T 的增加，所有 V 下的队列长度增加，因为增加的 T 减少了在每个时间段中丢弃的感知任务数量。大 V 下的队列长度比小 V 下的长，因为大 V 表示所有队列中可以有更多的感知任务。

图 4.7 描绘了在 DREAM$^+$ 中，随着时隙的增加，感知任务被拒绝的比例。可以看到，在某些时隙中平台拒绝了更多的感知任务，因为在每个时隙中，所有的感知任务都不被接纳。V 越大意味着所有感知任务的队列越长，因此 V 越大，被拒绝的感知任务所占比例越小。图 4.8 显示了在不同 V 下随着时隙的增加而被接纳的参与者数量。正如观察到的，随着时隙数量的增加，被接纳的参与者数量在每个时间段内保持稳定，因为时间分段不

影响参与者的选择。小 V 下的参与者人数大于大 V 下的参与者人数,因为大 V 意味着更长的队列,导致每个时隙可以选择更多的参与者。

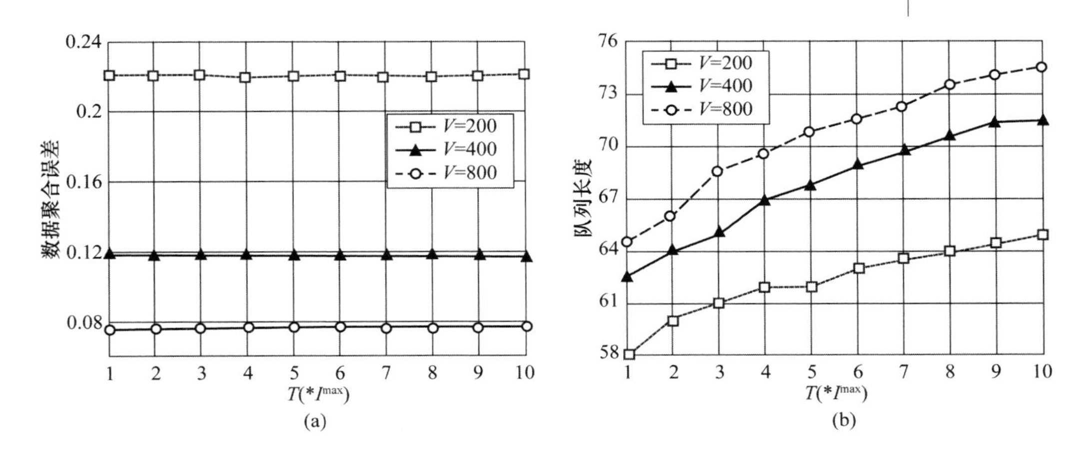

图 4.6 不同 T 下的性能比较

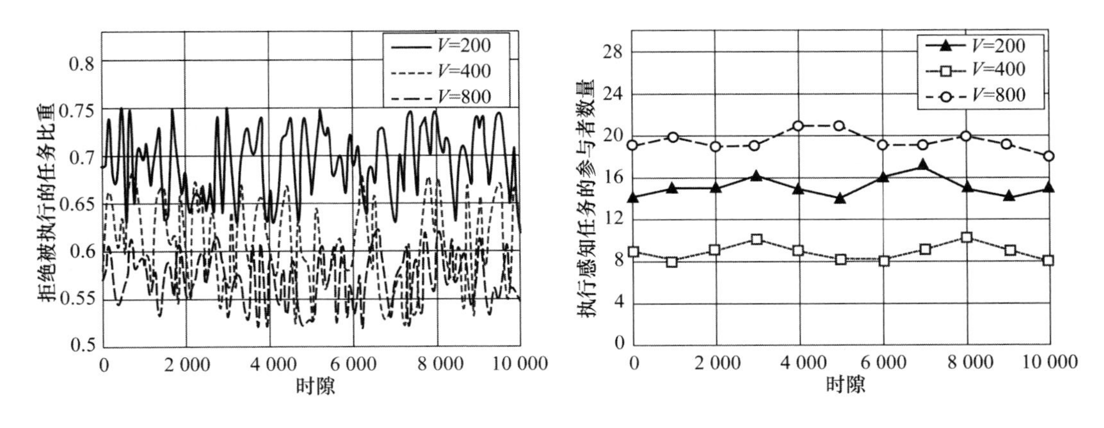

图 4.7 不同 V 下感知任务被拒绝的比例

图 4.8 不同 V 下被接纳的参与者数量

图 4.9 描绘了最大预算的值如何影响性能。从图 4.9(a)可以看出,随着 C^{max} 的增加,所提机制下的数据聚合误差减少,因为增加的 C^{max} 增加了所选参与者的数量,从而导致选到最佳参与者的概率更高。当 C^{max} 足够大时,所有的参与者都可以作为候选人,数据聚合误差收敛。Random 和 Weighted 下的数据聚合误差比所提机制的高,因为它们没有选择最合适的参与者。注意,在 Random 下的数据聚合误差小于 Weighted 的,因为隐私保护水平较高的参与者被分配了更高的权重。如图 4.9(b)所示,随着 C^{max} 的增加,在 Random 和 Weighted 情况下的队列长度增加,因为候选

数量增加。在所提机制下，队列长度并没有增加，实际上这是合理的，因为所选的参与者没有改变。

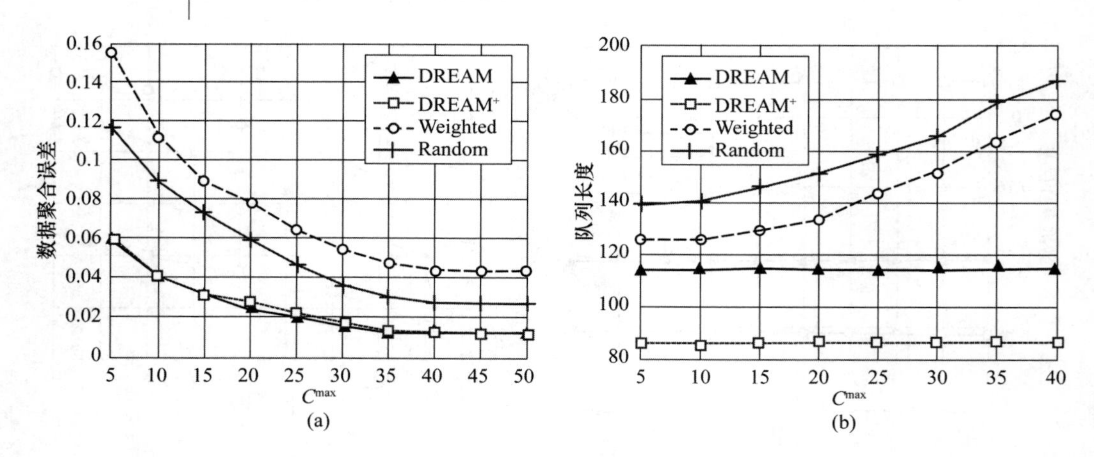

图 4.9 不同预算下的性能比较

图 4.10 比较了不同机制在不同时隙下的性能。如图 4.10(a)所示，所有机制下的数据聚集误差都是稳定的。这是因为增加的时间间隔并不影响如何选择参与者。从图 4.10(b)可以看出，在 Random 下，随着时间的增加，队列长度增加，因为没有采取接入控制，所以因此队列长度最大。在 DREAM$^+$ 下最短的队列长度是由于时间段控制了被接纳的感知任务数量，因此在所有机制下，队列中感知任务的数量都是最低的。加权下的队列长度大于 DREAM 下的队列长度，这是因为所有的感知任务都是在不考虑平台性能的情况下进入平台的。

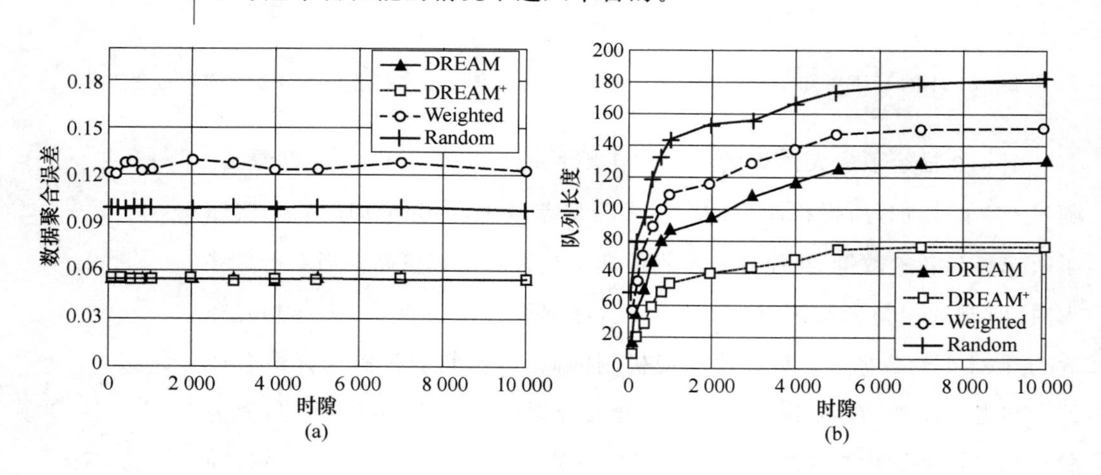

图 4.10 不同时隙下的性能比较

图 4.11 说明了 a^{max} 对性能的影响。随着 a^{max} 比率的增加，到达平台的感知任务数量自然增加，图 4.11(b)解释了为什么所机制下的队列长度都会增加。然而，由于到达平台的增加的感知任务不影响如何选择参与者，因此所有机制下的数据聚合误差不会如图 4.11(a)所示而变化。

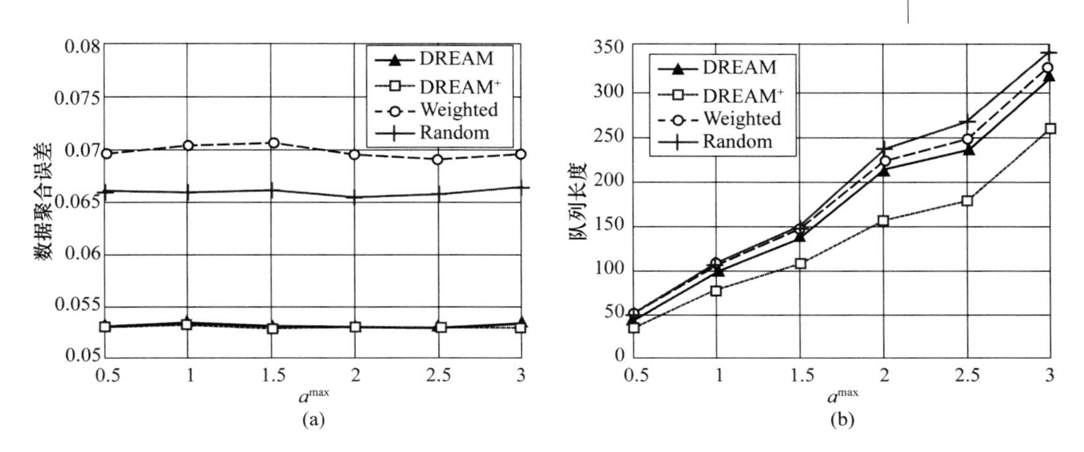

图 4.11 不同 a^{max} 下的性能比较

参与者数量的影响如图 4.12 所示。参与者数量的增加使得选择隐私保护水平最低的参与者的概率更大，从而减少了所有机制下的数据聚合误差。DREAM 和 DREAM$^+$ 的数据聚合误差最小，其次是 Weighted 和 Random。这是因为 DREAM 和 DREAM$^+$ 总是选择最佳的参与者。同时，从图 4.12(b)中观察到，随着参与者数量的增加，Random 和 Weighted 下的队列长度增加，因为所有参与者都被允许进入系统。但是 DREAM 和 DREAM$^+$ 有接入控制，所以队列长度不会增加。

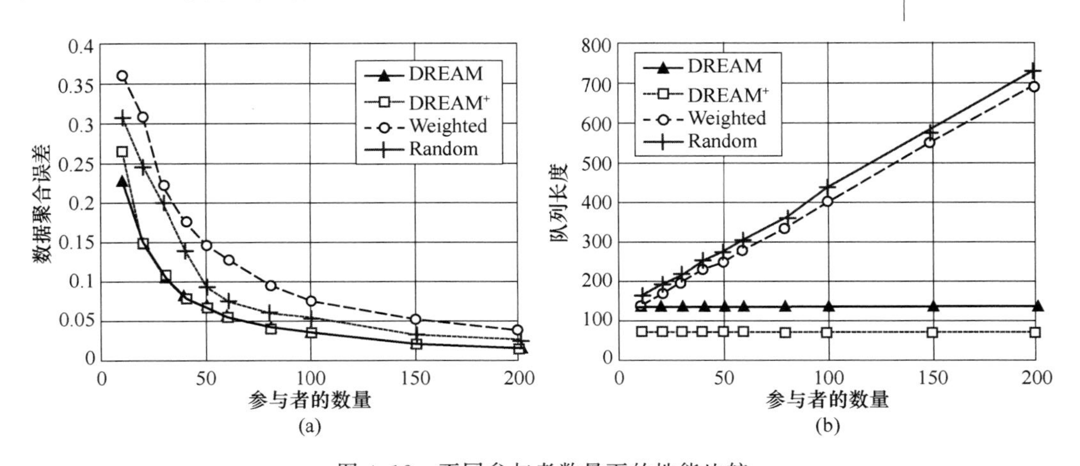

图 4.12 不同参与者数量下的性能比较

图 4.13 显示了在不同隐私级别下数据聚集误差随 β 的增大而变化的情况，可以看出，数据聚集误差随着 β 的增大而减小。也就是说，在给定的隐私保护水平下，随着置信水平的提高，数据聚集误差减小。这意味着，如果一种类型的感知任务需要灾民上传他们的位置以便进行救援，需要增加 β 来限制真实数据和模糊数据之间的差异。如果另一种类型感知任务需要每个参与者上传访问商场中的估计顾客数量来获得该商场的拥挤度，可以通过减小 β 来放宽对数据聚集误差的要求。如图 4.14 所示，图 4.14 示出了在不同数量的感知类型下随着参与者数量的增加而需要的运行时间，可以看到，随着参与者数量的增加，运行时间也在增加。在给定的参与者数量下，运行时间随着感知类型的增加而增加。两种观察结果都与本章的理论分析一致。

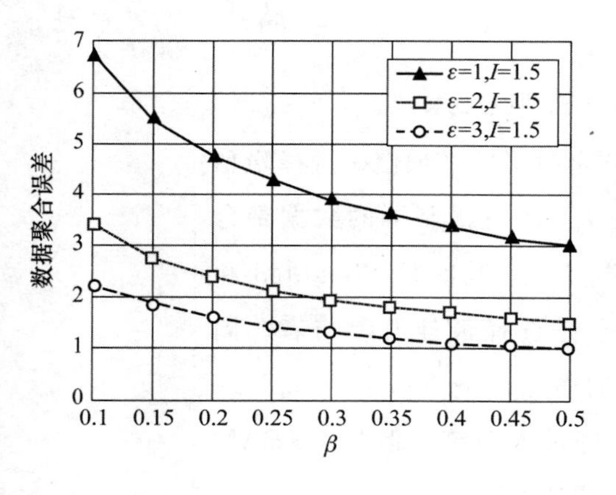

图 4.13 不同 β 下的数据聚合误差

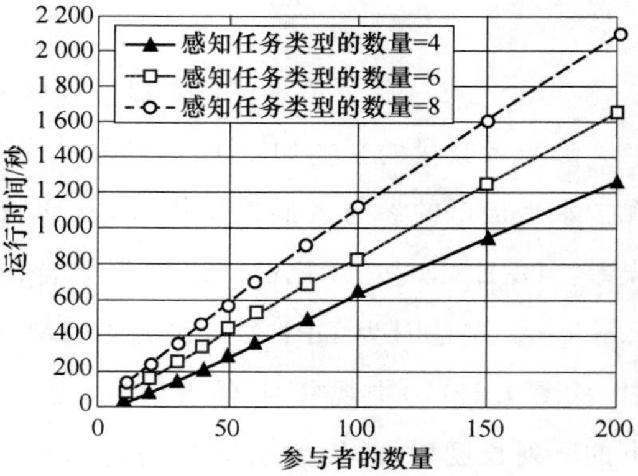

图 4.14 运行时间

4.5 本章小结

本章从平台的数据聚合误差最小化、系统的稳定性和群智感知知参与者的隐私性等方面对所提在线控制机制进行了研究。本章采用 Lyapunov 随机优化技术在数据聚合误差和系统稳定性之间进行权衡。本章还扩展了标准的 Lyapunov 随机优化技术，以解决不同类型的感知任务通常具有不同处理时间的问题。严格的理论分析和大量的仿真结果表明,所提机制可以获得近似最优的数据聚集误差,同时保持了系统的稳定性,并保证了参与者的高隐私保护水平。

第5章

基于深度强化学习的具有隐私保护功能的群智感知数据收集机制研究

5.1 研究动机

物联网技术的发展和移动智能终端的普及已成为智慧城市建设的基石。各种基于信息技术的应用的出现,促进了无线传感器网络、无线体域网络、车载网络等技术的发展。其中,一种借助公众智慧寻找方法并解决大规模计算或感知任务的新范式——群智感知——引起了极大关注[64]。与传统感知范式相比,群智感知的参与者不仅是数据的最终消费者,而且还扮演了更多的角色,包括数据传输、分析等。目前,群智感知已经进入快速发展的阶段,其应用已经渗入人们工作和生活的各个角落中。具体来说,典型的应用包括环境监测[80]、智能交通[66]、社会感知[67]、路况检测[68]、空气质量监测[69]、室内定位[70]等。

参与者在参与群智感知时需要通过摄像头、陀螺仪、加速度计等完成感知任务,并且需要将感知数据上传到平台上,这将会产生能耗、带宽等成本。在这种情况下,一个理性的参与者只有在受到奖励的激励时才会提供感知或计算服务。因此,有必要设计一种激励机制来鼓励智能手机用户参与群智感知。博弈论是解决激励问题的重要方法,可以通过调整参与者的报酬来反映用户的参与度、参与贡献等。

群智感知的一个重要特征是平台可以收集参与者的敏感个人信息，如地点、社会关系[81]等，从而推断出参与者的职业、偏好等，如图5.1所示。在感知数据不受干扰的情况下，攻击者可以从群智感知平台推断出参与者的个人信息，这些信息具有很大的价值，因此，在群智感知中，如何保护参与者的个人信息不被泄露，同时提取准确的感知数据是一项具有挑战性的任务。一种传统的方法是，当有感知请求时，先将感知数据上传到平台上，然后均匀添加噪声。但是，该方法没有考虑到不同参与者对其感知数据的隐私敏感性。

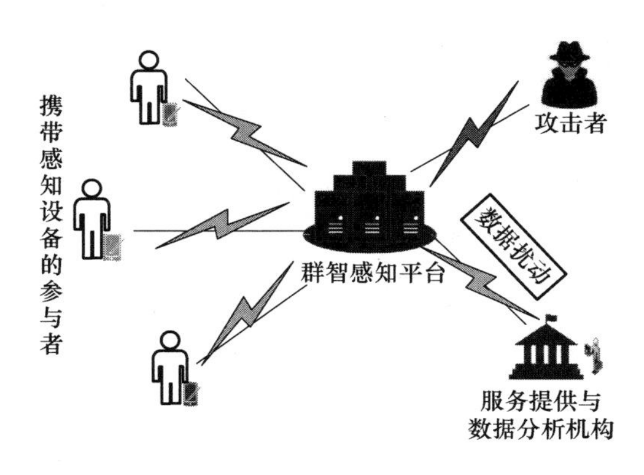

图5.1 攻击者攻击群智感知平台示例

本书提出了一种基于平台支付与参与者隐私保护水平交互的个性化隐私保护数据聚合博弈，以满足不同参与者不同隐私敏感性的需求。对于保密性数据聚合博弈，只考虑一个感知任务，平台验证参与者的隐私保护水平的正确性并支付相应的费用。通过这种反复的交互，平台与参与者不断调整策略，参与者倾向于获得更多的报酬，平台也渴望获得更准确的感知数据。在这种情况下，一方面，参与者可以抑制无效数据对聚合的感知数据的影响；另一方面，参与者的隐私可以被个性化。在平台方面，一方面，是为了鼓励参与者参与群智感知，让参与者获得应得的报酬，减少参与者的隐私泄露的机会；另一方面，旨在实现平台效性和数据聚合准确性之间的平衡。

本章提出的系统由一个评估和聚合感知数据的平台和执行隐私保护机制的参与者组成，如图5.2所示。平台首先将支付信息广播给作为跟随者的参与者，参与者将自己的隐私保护水平和感知数据上传到平台上。

在此基础上，本章提出了一种基于纳什均衡的个性化隐私保护数据聚合对策。更具体地说，支付越多，参与者就会选择更低的隐私保护水平，支付越少，就会产生更多的无效数据。这样，通过适当的支付-隐私保护水平匹配策略，平台和参与者的效用都可以最大化。

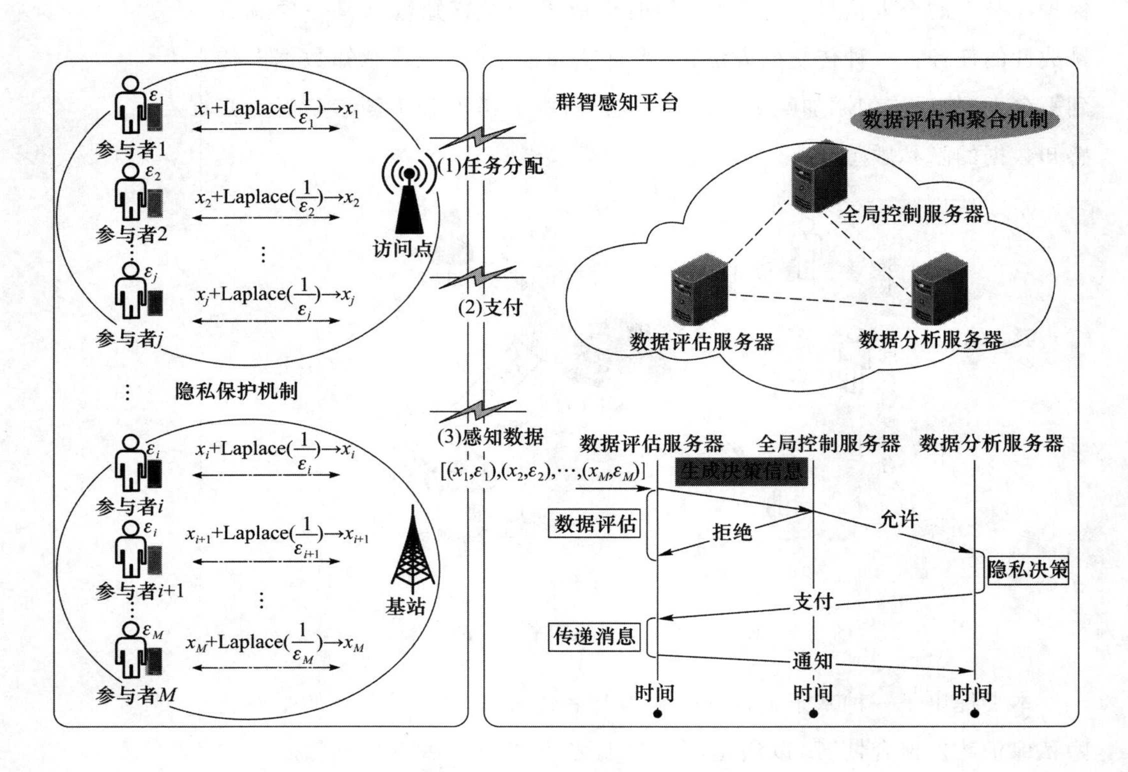

图 5.2　个性化隐私保护系统

平台的支付和参与者的隐私保护水平可以看作一个有限马尔科夫决策过程。在本章中，假设参与者不知道当前状态下的支付水平和奖励函数的转移概率，平台不知道隐私保护水平在当前状态下的转移概率。对于提出的博弈运行数轮，每轮不需要通过采样上一轮的信息来更新策略。在这种情况下，本章提出使用一种强化学习算法——Q 学习（Q-learning）——来实时更新策略。在 Q 学习算法中，引入两个 Q 函数，它们是状态-行为对长期奖励的折现。平台使用与数据聚合精度相关的 Q 函数来获得最优支付，参与者使用与自身支付相关的 Q 函数来获得最优隐私保护水平。然而，随着参与者数量、隐私保护水平和支付水平的增加，Q

表的规模呈指数增长，平台的效用收敛速度将大大降低。为了克服上述问题，提出采用深度Q网络。更具体地说，在参与者一方，由于智能手机的资源有限，所以使用Q学习。在平台方面，使用深度Q网络来加速获取最优支付政策，从而增加平台的效用。

本章的主要内容共有三点。

(1) 静态的支付-隐私保护水平博弈：本章提出了一个支付-隐私保护水平博弈，得出其纳什均衡点，从而揭示了其平衡点在平台支付和参与者的隐私保护水平之间。

(2) 基于动态的支付-隐私保护水平博弈的Q学习：提出使用Q学习分别学习平台的支付策略和参与者的隐私保护水平，从而求解未知支付-隐私保护水平模型下的动态博弈。

(3) 基于动态的支付-隐私保护水平博弈的深度Q网络：提出利用深度Q网络来加快获取支付-隐私保护水平策略的速度。基于深度Q网络的算法与Q学习算法相比，平台和参与者都能获得更多的效用，并减少了获取最优策略的时间。

本章5.2节介绍了数据聚合的系统模型；5.3节首先给出了静态保护隐私的数据聚合博弈，并推导出博弈的纳什均衡点，之后提出了一种基于深度Q网络的支付-隐私保护水平策略，其可用于动态隐私保护数据聚合对策；5.4节对以上工作进行了仿真分析；5.5节对本章进行了总结。

5.2 系统建模

在本节中，首先概述了本章的个性化隐私保护系统，之后描述了本章的任务模型、隐私保护模型、数据评估和聚合模型。

5.2.1 系统概述

群智感知平台的目标是在感兴趣的区域招募M个智能手机用户来收集感知数据，创建一个群智感知应用程序，如图5.2所示。群智感知平台首先选择其支付策略，然后发布支付-隐私保护水平对的招募信息。每个自私且理性的参与者根据自己的能量消耗和数据扰动成本选择自己的隐私保护水平。

首先该平台向参与者广播基于位置的感知任务。然后，参与者使用传感器(如智能手机、便携式计算机和环境监测传感器)收集感知数据，并将这些数据与隐私保护水平一起通过基站和接入点发送到平台。

平台通过数据评估服务器评估每个参与者的数据。假设每个参与者都是理性的，则参与者提交的隐私保护水平是准确的。因此，提供较高隐私保护水平的参与者要求平台支付更多的费用。平台的支付策略由综合控制服务器给出。数据分析服务器(如 Web 服务器)用于数据聚合可视化。群智感知系统在平台支付和参与者隐私保护水平之间提供了一种权衡。此外，如果平台有更高的预算，它可以花更多的钱来激励参与者接受感知任务。为了便于参考，表 5.1 总结了常用的符号。

表 5.1 常用的符号含义

符号	含 义
M	参与者的数量
$\boldsymbol{\varepsilon}$	参与者的动作集
$\boldsymbol{p}$	平台的动作集
$\varepsilon_i^{(t)}$	时隙 t 中参与者 i 的隐私保护水平
$\boldsymbol{p}^{(t)}$	支付策略
J	隐私保护水平的数量
N	支付等级的数量
c_i	排除私有成本后参与者 i 的成本
$\boldsymbol{s}^{(t)}$	时隙 t 中平台的状态
$\boldsymbol{s}_i^{(t)}$	时隙 t 中参与者 i 的状态
α	Q 学习/深度 Q 网络的学习率
$\varphi^{(t)}$	时隙 t 中的状态序列
$\theta^{(t)}$	时隙 t 中 CNN 的权重
B	CNN 的小批量的规模
$\boldsymbol{W}$	CNN 输入序列的经验规模

5.2.2 任务模型

考虑到感知数据的时间敏感性，定义了时不变的任务τ_1和时变的任务τ_2。因此感知任务可以表示为$\tau=\tau_1+\tau_2$。对于时不变的任务(如感知一个对象的轮廓)，为了避免感知数据与实际数据相差较远，考虑多次收集感知数据。当采集V次数据时，参与者i的感知结果如下：

$$x_i=\{x_{1,i},x_{2,i},\cdots,x_{V,i}\} \tag{5.1}$$

之后取感知结果的平均值作为最终结果，即

$$\bar{x}_i=\frac{1}{V}\sum_{j=1}^{V}x_{j,i} \tag{5.2}$$

对于时变的任务，如在一段时间内监测一些感兴趣区域的空气状况，考虑多个位置的感知数据。当感知U个位置时，时隙t中参与者i的感知结果如下：

$$x_i^{(t)}=\{x_{1,i}^{(t)},x_{2,i}^{(t)},\cdots,x_{U,i}^{(t)}\} \tag{5.3}$$

然后使用所有位置的平均值作为时隙t中的最终感知结果，即

$$\bar{x}_i^{(t)}=\frac{1}{U}\sum_{j=1}^{U}x_{j,i}^{(t)} \tag{5.4}$$

若感知时间范围为T，则参与者i在时隙t中的感知结果如下：

$$x_i^{(T)}=(x_i^{(1)},x_i^{(2)},\cdots,x_i^{(T)}) \tag{5.5}$$

然后用所有时间段的平均值作为时隙t中的最终感知结果，即

$$\bar{x}_i^{(T)}=\frac{1}{T}\sum_{t=1}^{T}x_i^{(t)} \tag{5.6}$$

5.2.3 隐私保护模型

使用差分隐私为每个参与者收集的数据提供隐私保护水平。每个参与者可以独立地对采集到的数据进行模糊处理，然后将模糊后的感知数据和隐私保护水平上传到平台进行评估。这里，假设该平台能够准确探测到每个参与者的隐私保护水平。

不同类型的感知数据可能有不同的可容忍误差范围，即灵敏度。例

如，人体体温的可容忍误差范围为1，然而车辆速度的可容忍误差范围为10，将感知数据归一化到[0,1]。如果提交给平台的数据超出范围，系统将禁止该参与者参与此任务。对灵敏度的定义如下。

定义1（l-灵敏度） 如果$D_{(d)}-D'_{(d)}\leqslant l$，则$D_{(d)}$和$D'_{(d)}$是满足$l$-灵敏度的相邻数据。其中$l$为感知数据的数据范围，$d$是数据维度，$\|_1$为一阶范数距离。

接下来，给出差分隐私的定义。

定义2（差分隐私） 假设ε为正实数，f表示一种随机算法。对于两个相邻的数据集合D和D'，如果数据集合D和D'在算法f上的输出结果x满足下面不等式，则f满足ε-差分隐私。

$$\Pr[f(D)=x]\leqslant e^{\varepsilon}\Pr[f(D')=x] \tag{5.7}$$

对于不同种类的感知数据，隐私保护的方法也有所不同。常见的噪声叠加机制有两种，即拉普拉斯机制和指数机制。前者用于数值结果，后者用于非数值结果。在本章中，只考虑数值数据，因此参与者i上传具有拉普拉斯机制加噪的数据x_i，即$x_i=x_i+\mathrm{Laplace}\left(0,\left[\frac{l}{\varepsilon_i}\right]\right)$。如图5.3所示，如果参与者$i$的混淆数据为$x_i$，其实际数据有$p_i$的可能性为$\widetilde{x}_i$，有$p'_i$的可能性为$\widetilde{x}'_i$，因而攻击者很难确定真实的感知数据。除此之外，$q_i$和$q'_i$代表在不同隐私保护水平下实际数据$d_i$被选择的概率。从图5.3可以看出，隐私保护水平越高，实际数据被选择的概率越高，数据就更容易被泄露。

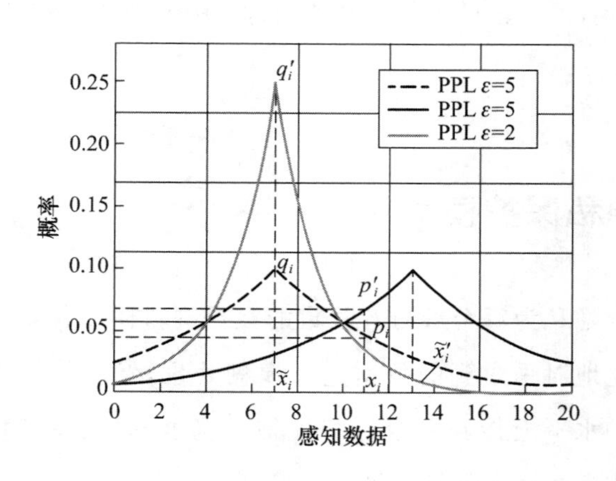

图5.3 隐私保护模型的图示

对时不变的任务,有如下定理。

定理1 对于一个时不变的任务,参与者执行感知V次。对于第i次感知,感知数据达到$\varepsilon_{j,i}$-差分隐私。通过加入噪声,该时不变的任务满足$\sum_{j=1}^{V}\varepsilon_{j,i}$-差分隐私。其中,该噪声遵循拉普拉斯分布,概率密度为$\left[\frac{1}{2b}\right]e^{-\left|\frac{x_{j,i}}{b}\right|}$,$b=\frac{Vl}{\sum_{j=1}^{V}\varepsilon_{j,i}}$。

证明:给定只有一个不同元素的两个相邻数据集D_1和D_2,令$\boldsymbol{x}_i \in D_1$且$x'_i \in D_2$,由式(5.1)可知:

$$\begin{aligned}\frac{\Pr(x_i = x)}{\Pr(x'_i = x)} &= \frac{\Pr((x_{1,i},x_{2,i},\cdots,x_{V,i}) = x)}{\Pr((x'_{1,i},x'_{2,i},\cdots,x'_{V,i}) = x)} \\ &= \prod_{j=1}^{V}\frac{\Pr(x_{j,i})}{\Pr(x'_{j,i})} \\ &= \prod_{j=1}^{V} e^{\frac{|x'_{j,i}|-|x_{j,i}|}{b}} \\ &\overset{a}{\leqslant} \prod_{j=1}^{V} e^{\frac{|x'_{j,i}-x_{j,i}|}{b}}\end{aligned} \tag{5.8}$$

其中,当x中的元素都相同时,式(5.8)中的不等式a成立,因为存在三角形不等式。此外,可以得到

$$\frac{\Pr(x_i = x)}{\Pr(x'_i = x)} \overset{c}{\leqslant} e^{\sum_{i=1}^{V}\frac{l}{b}} = e^{\sum_{i=1}^{V}\varepsilon_i} \tag{5.9}$$

其中,根据定义1,式(5.9)中的不等式c成立。根据定义2,时不变任务满足$\sum_{i=1}^{V}\varepsilon_i$-差分隐私。因此,定理1得以证明。

类似地,对时变的任务,有如下定理。

定理2 对于t时隙时的时变任务,参与者在U个位置执行感知任务。对于第i个位置,感知数据达到$\varepsilon^{(t)}$-差分隐私。通过加入噪声,该时变任务满足$\max\varepsilon_{j,i}^{(t)}$-差分隐私。其中,该噪声遵循拉普拉斯分布,概率密度为$\left[\frac{1}{2b}\right]e^{-\left|\frac{x_{j,i}^{(t)}}{b}\right|}$,$b=\frac{l}{\max\varepsilon_{j,i}^{(t)}}$。

证明:给定有k个不同元素的两个相邻数据集D_1和D_2,令$x_i^{(t)} \in D_1$且$x_i'^{(t)} \in D_2$,有

$$\frac{\Pr(x_i^{(t)}=x)}{\Pr(x_i^{(t)'}=x)}=\frac{\Pr(x_{j,i}^{(t)}\mid x_{j,i}^{(t)}\in x_i^{(t)})}{\Pr(x_{j,i}^{(t)'}\mid x_{j,i}^{(t)'}\in x_i^{(t)'})}$$

$$=\frac{\prod_{j=1}^{U}\Pr(x_{j,i}^{(t)})}{\prod_{j=1}^{U}\Pr(x_{j,i}^{(t)'})}=\frac{\prod_{j=1}^{U}\Pr(x_{j,i}^{(t)})}{\Pr(x_{k,i}^{(t)'})\prod_{j\neq k}^{U}\Pr(x_{j,i}^{(t)'})}$$

$$=\frac{\Pr(x_{k,i}^{(t)})}{\Pr(x_{k,i}^{(t)'})}\leqslant \mathrm{e}^{\frac{|x_{k,i}^{(t)'}-x_{k,i}^{(t)}|}{b}}\overset{d}{\leqslant}\mathrm{e}^{\frac{b}{l}} \tag{5.10}$$

其中,式(5.10)中的不等式 d 成立是因为定义 1 和三角不等式。由于 $1\leqslant k\leqslant U$,有

$$\frac{\Pr(x_i^{(t)}=x)}{\Pr(x_i^{(t)'}=x)}\leqslant \mathrm{e}^{\min\{\varepsilon_i^{(t)}\mid\varepsilon_i^{(t)}\geqslant\max\limits_{1\leqslant k\leqslant U}\varepsilon_k^{(t)}\}}$$

$$\leqslant \mathrm{e}^{\max\limits_{1\leqslant i\leqslant U}\varepsilon_i^{(t)}} \tag{5.11}$$

根据定义 2,时不变任务满足 $\sum_{i=1}^{V}\varepsilon_i$- 差分隐私。因此,定理 2 得以证明。

定理 3 对于 t 时隙时的时变任务,通过加入噪声,该时变任务满足 $\max\limits_{1\leqslant t\leqslant T}\ \max\limits_{1\leqslant k\leqslant U}\varepsilon_{k,i}^{(t)}$-差分隐私。其中,该噪声遵循拉普拉斯分布,概率密度为 $\frac{1}{2b}\mathrm{e}^{-\left|\frac{x_i^{(t)}}{b}\right|}$,$b=\frac{l}{\max\limits_{1\leqslant t\leqslant T}\ \max\limits_{1\leqslant k\leqslant U}\varepsilon_{k,i}^{(t)}}$。

证明:与定理 2 证明类似。给定有 m 个不同元素的两个相邻数据集 D_1 和 D_2,令 $x_i^{(t)}\in D_1$ 且 $x_i^{(t)'}\in D_2$,然后,有

$$\frac{\Pr(x_i^{(t)}=x)}{\Pr(x_i^{(t)'}=x)}\leqslant \mathrm{e}^{\max\limits_{1\leqslant k\leqslant U}\varepsilon_k^{(t)}} \tag{5.12}$$

此外,考虑在周期 T 给定有 m 个不同元素的两个数据集 D_3 和 D_4,$x_i^{(T)}\in D_3$ 且 $x_i^{(T)'}\in D_4$。因此有

$$\frac{\Pr(x_i^{(T)}=x)}{\Pr(x_i^{(T)'}=x)}=\frac{\Pr(x_i^{(t)}\mid x_i^{(t)}\in x_i^{(T)})}{\Pr(x_i^{(t)'}\mid x_i^{(t)'}\in x_i^{(T)'})}$$

$$=\frac{\prod_{t=1}^{T}\Pr(x_i^{(t)})}{\prod_{t=1}^{N}\Pr(x_i^{(t)'})}=\frac{\prod_{t=1}^{T}\Pr(x_i^{(t)})}{\Pr(x_i^{(j)'})\prod_{t\neq j}^{N}\Pr(x_i^{(t)'})}$$

$$=\frac{\Pr(x_i^{(j)})}{\Pr(x_i^{(j)'})}\leqslant \mathrm{e}^{\frac{|x_i^{(j)'}-x_i^{(j)}|}{b}}\overset{g}{\leqslant}\mathrm{e}^{\frac{l}{b}} \tag{5.13}$$

式(5.13)中的不等式 g 成立是因为定义 1 和三角不等式。由于 $1\leqslant n\leqslant T$,

有

$$\frac{\Pr(x_i^{(T)}=x)}{\Pr(x_i^{(T)'}=x)} \leqslant e^{\min\{\varepsilon_i^{(n)} \mid \varepsilon_i^{(n)} \geqslant \max\limits_{1\leqslant t\leqslant T} \varepsilon_i^{(t)}\}} \leqslant e^{\max\limits_{1\leqslant t\leqslant T} \varepsilon_i^{(t)}} \tag{5.14}$$

根据不等式(5.11),可以进一步推导出

$$\frac{\Pr(x_i^{(T)}=x)}{\Pr(x_i^{(T)'}=x)} \leqslant e^{\max\limits_{1\leqslant t\leqslant T} \max\limits_{1\leqslant k\leqslant U} \varepsilon_{k,i}^{(t)}} \tag{5.15}$$

根据定义 2,时变任务满足 $\sum_{i=1}^{V} \varepsilon_i$- 差分隐私。因此,定理 3 得以证明。

5.2.4 数据评估和聚合模型

在进行数据聚合之前,首先对感知数据的有效性进行评估,给出以下定义。

定义 3(β-有效性) 对于有噪声的感知数据,即参与者某次上传的 x 如果满足式(5.16),则认为 x 有效,否则认为 x 无效,$D(x)$的定义如式(5.17)所示。

$$D(x) < \beta \tag{5.16}$$

$$D(x) = \sqrt{(x-\mu)^T H^{-1} (x-\mu)} \tag{5.17}$$

其中,μ 为感知数据 x 的平均值,计算方法如式(5.2)、(5.4)所示,H^{-1} 为感知数据 x 的协方差。

图 5.4 给出了某高校学生信息的数据评估示例。

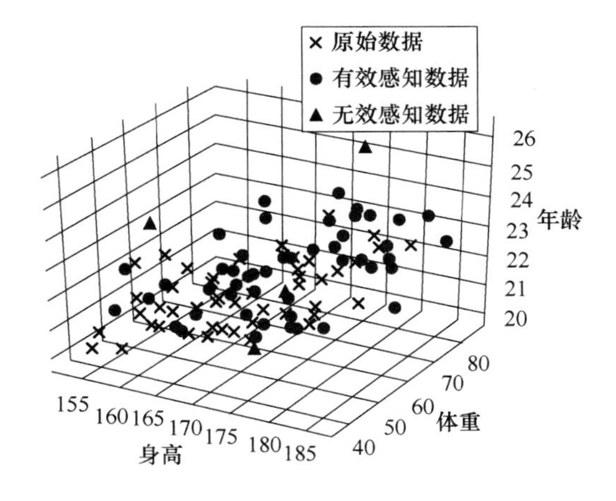

图 5.4 某高校学生信息的数据评估示例,其中 $\beta=6$

定义 4〔(λ,η)-准确性〕 如果满足式(5.18)，感知数据的聚合结果 $\hat{x}$ 可以实现(λ,η)-准确性。其中 x 为加噪的感知数据。

$$\Pr[|\hat{x}-x|\geqslant\lambda]\leqslant 1-\eta \tag{5.18}$$

这个定义意味着聚集误差 λ 的概率被限制在 $1-\eta$ 以内。从估计理论的角度来看，λ 代表置信区间，η 代表置信水平。然后，提出推导参与者的隐私保护水平与平台聚合误差的关系。

定理 4 对于给定的 $\eta\leqslant 1$，在本章的隐私保护机制下，感知数据的汇聚误差 λ 由式(5.19)给出：

$$\lambda = l\frac{(1-\sigma)\sum_{i=1}^{M}\frac{1}{\varepsilon_i}+\sqrt{(1-\sigma)^2\left(\sum_{i=1}^{M}\frac{1}{\varepsilon_i}\right)^2+8(1-\eta)\sigma\sum_{i=1}^{M}\frac{1}{\varepsilon_i^2}}}{2M(1-\eta)} \tag{5.19}$$

其中，$\sigma\in(0,1)$为控制参数。可以看到平台希望获得更高的隐私保护水平以减少聚合误差，而参与者希望采用较低的隐私保护水平以更好地保护他们的隐私。

证明:引入了一个结合马尔可夫不等式的广义切比雪夫不等式：

$$\begin{aligned}\Pr[|x-E(X)|\geqslant\lambda]&=\Pr[|x|\geqslant\lambda]\\&\leqslant\sigma\frac{\mathrm{Var}(x)}{\lambda^2}+(1-\sigma)\frac{E(X)}{\lambda},\sigma\in(0,1)\end{aligned} \tag{5.20}$$

因此，有

$$(1-\sigma)\lambda^2-\left[(1-\sigma)\frac{1}{M}\sum_{i=1}^{M}\frac{1}{\varepsilon_i}\right]\lambda-\frac{2l^2}{M^2}\sum_{i=1}^{M}\frac{1}{\varepsilon_i^2}=0 \tag{5.21}$$

之后可以得到

$$\lambda = l\frac{(1-\sigma)\sum_{i=1}^{M}\frac{1}{\varepsilon_i}+\sqrt{(1-\sigma)^2\left(\sum_{i=1}^{M}\frac{1}{\varepsilon_i}\right)^2+8(1-\eta)\sigma\sum_{i=1}^{M}\frac{1}{\varepsilon_i^2}}}{2M(1-\eta)} \tag{5.22}$$

为了便于下面的讨论，假设 $\sigma=1$，那么可以得出

$$\lambda=\frac{\sqrt{2}l}{M(1-\eta)}\sqrt{\sum_{i=1}^{M}\frac{1}{\varepsilon_i^2}} \tag{5.23}$$

参与者将感知数据上传到平台后，数据评估服务器首先使用式(5.17)评估感知数据。假设 $\hat{N}$ 表示为有效数据的数量，如下所示：

$$\hat{N}=\sum_{i=1}^{K}I(\beta(x_i)) \tag{5.24}$$

其中，$I(\cdot)$是判断 x_i 是否满足 $\beta(x_i)$-有效性的指示函数，K 是上传的感

知数据的数量。

对于时不变任务，有效的感知结果是

$$\bar{x}_i = \frac{1}{\hat{N}} \sum_{j=1}^{\hat{N}} x_{j,i} \tag{5.25}$$

其中，$x_{\hat{N},i}$代表有效数据，$\hat{N} \leqslant V$。

根据定理 1，可以得到时不变任务的聚合感知数据满足 $\left(\lambda, \left[\frac{2}{\lambda^2 \hat{N}^2}\right] \sum_{i=1}^{\hat{N}} \left(\frac{l}{\sum_{j=1}^{V} \varepsilon_{j,i}}\right)^2\right)$- 准确度。

对于时变任务，时隙 t 的有效感知结果如下所示：

$$\bar{x}_i^{(t)} = \frac{1}{\hat{N}} \sum_{j=1}^{\hat{N}} x_{j,i}^{(t)} \tag{5.26}$$

其中，$x_{j,i}^{(t)}$代表有效数据，$\hat{N} \leqslant V$。

类似地，根据定理 2，可以得到时变任务的聚合感知数据满足 $\left(\lambda, \left[\frac{2}{\lambda^2 \hat{N}^2}\right] \sum_{i=1}^{\hat{N}} \left(\frac{l}{\max \varepsilon_{j,i}^{(t)}}\right)^2\right)$- 准确度。

如果感知数据无效，综合控制服务器将拒绝该数据，并将相应的信息反馈给参与者，否则将数据传递给数据分析服务器进行进一步处理。最后，参与者将被告知相应的信息，如上传成功或上传失败。

5.3 基于深度强化学习的具有隐私保护功能的群智感知数据收集机制设计

5.3.1 静态隐私保护的数据聚合博弈

在这一节中，提出利用静态斯坦伯格博弈来解决领导者和跟随者之间的冲突[83]，其中作为领导者的平台首先向参与感知任务的每个参与者广播支付策略，然后作为跟随者的参与者自发地选择一个隐私保护水平，从而获得相应的费用。简单起见，参与者 i 的隐私保护水平（即 ε_i）被量化

为 $J+2$ 个等级，$\varepsilon_i \in \boldsymbol{\varepsilon}=(a_{-1},a_0,a_1,\cdots,a_J)$。例如，如果 $\varepsilon_i=a_{-1}$，说明参与者 i 给感知数据增加了太多噪声；如果 $\varepsilon_i=a_0$，说明参与者 i 不愿意暴露自己的隐私，不提供感知服务；如果 $\varepsilon_i=J$，表明参与者完全执行感知任务而不考虑他的隐私；其他条件表明参与者个性化他的隐私以参与感知任务。基于评估算法，假设通过评估感知数据，平台可以得知 ε_i。提供更高隐私保护水平的参与者要求平台支付更高的费用。用 $p_{\varepsilon_i} \in \boldsymbol{p}$ 表示参与者 i 的支付。由于每个隐私保护水平匹配一个支付，平台的支付被量化为 $N+2$ 个等级，$\boldsymbol{p}=(p_{-1},p_0,p_1,\cdots,p_N)$，其中 p_{-1} 是对隐私保护水平 a_{-1} 的支付。定义 $y_n=\{y_{nj}\}_{1\leqslant n\leqslant N,1\leqslant j\leqslant J}$，其中 y_{nj} 为 N 级和隐私保护水平 j 的支付并且单调递增。p_{ε_i} 是从 y_n 中选出来的，其中 $\varepsilon_i \in \{a_1,a_2,\cdots,a_J\}$ 并且 $1\leqslant n\leqslant N$。静态隐私保护数据聚合博弈如图 5.5 所示。斯坦伯格博弈是平台和参与者之间的博弈。首先，平台作为领导者广播支付列表，然后参与者作为跟随者，选择他们的隐私保护水平并上传感知数据。最后，参与者从平台获得费用。

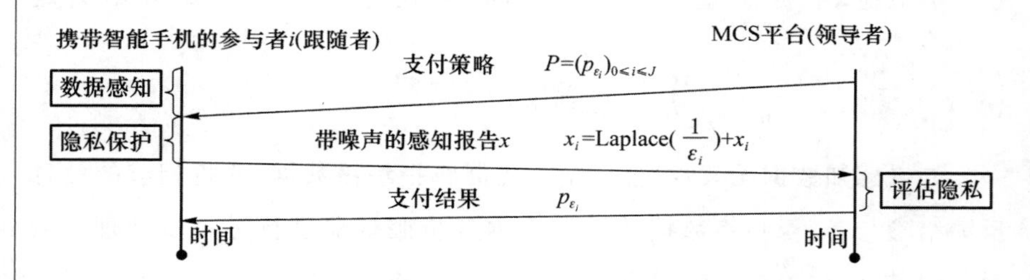

图 5.5　静态隐私保护数据聚合博弈

当从平台接收到感知任务时，参与者 i 决定是否参与感知任务和他的隐私保护水平。如果参与者 i 发送带有隐私保护水平 ε_i 的感知数据，效用 u_i 可以表示为

$$u_i(\varepsilon_i,p_{\varepsilon_i})=p_{\varepsilon_i}-\varepsilon_i c_{\varepsilon_i}-c_i \tag{5.27}$$

其中，c_{ε_i} 是 ε_i 的单位成本，c_i 是参与者 i 的成本，不包括隐私（如能耗）。

基于式(5.23)，平台的获益为

$$\text{Benefit}(\boldsymbol{\varepsilon},\boldsymbol{p})=\frac{R}{\dfrac{\sqrt{2}l}{M(1-\eta)}\sqrt{\sum_{i=1}^{M}\dfrac{1}{\varepsilon_i^2}}} \tag{5.28}$$

其中，R 为常数。

可以从图 5.6(a)中观察到平台的获益，随着隐私保护水平范围的增加，平台的总收益也在增加。从图 5.6(b)可以看出，当隐私保护水平在给定的范围内时，范围的粒度越细，平台的总收益也就越大。对于不同范围的感知数据，平台的总收益随着数据范围的增加而降低，如图 5.6(c)所示。

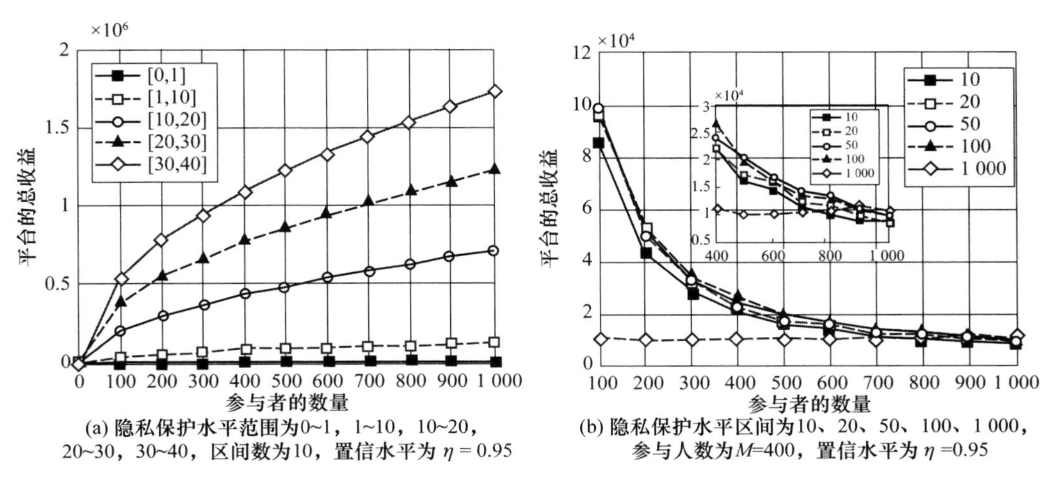

(a) 隐私保护水平范围为0~1，1~10，10~20，20~30，30~40，区间数为10，置信水平为 $\eta=0.95$

(b) 隐私保护水平区间为10、20、50、100、1 000，参与人数为M=400，置信水平为 $\eta=0.95$

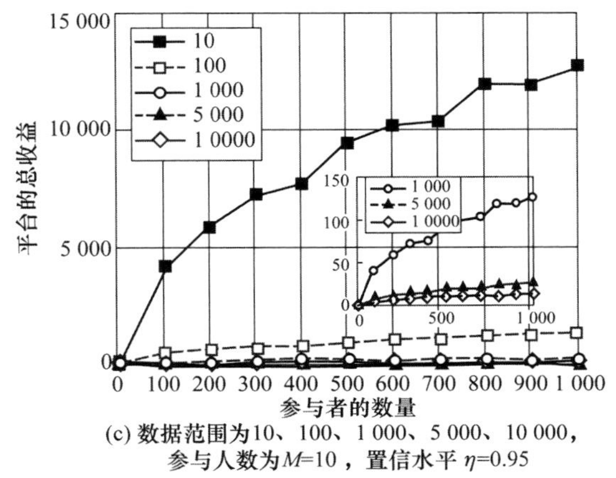

(c) 数据范围为10、100、1 000、5 000、10 000，参与人数为M=10，置信水平 η=0.95

图 5.6 静态支付-隐私博弈的性能

因此，平台的效用如下：

$$u_s(\boldsymbol{\varepsilon},\boldsymbol{p})=\text{Benefit}(\boldsymbol{\varepsilon},\boldsymbol{p})-\sum_{i=1}^{M}p_{\varepsilon_i} \tag{5.29}$$

博弈的纳什均衡点用($\boldsymbol{\varepsilon}^*$，$\boldsymbol{p}^*$)表示，其中 $\boldsymbol{\varepsilon}^*=(\varepsilon_i^*)_{0\leqslant i\leqslant M}$，$\boldsymbol{p}^*=(p_i^*)_{-1\leqslant j\leqslant J}$，$\boldsymbol{\varepsilon}^*$ 和 $\boldsymbol{p}^*$ 由式(5.30)和式(5.31)给出。

$$\varepsilon_i^* = \arg\max_{\varepsilon_i \in \boldsymbol{\varepsilon}} u_i(\varepsilon_i, \boldsymbol{p}^*), 1 \leqslant i \leqslant M \tag{5.30}$$

$$p_j^* = \arg\max_{p_i \in \boldsymbol{p}} u(\boldsymbol{\varepsilon}^*, p_j), -1 \leqslant j \leqslant J \tag{5.31}$$

考虑一个特殊情况，有两个隐私保护水平用于数据聚合，即 $J=1$。在这种情况下，参与者 i 要么发送隐私保护水平 $\varepsilon_i = a_0$ 的感知数据，要么不参加 $\varepsilon_i = a_0$ 的任务。当 $\varepsilon_i = a_0$ 时，从式(5.29)和(5.31)中可以得到 $p_0^* = 0$。由此，平台支付策略的纳什均衡点由 $\boldsymbol{p}^* = (0, p_1^*)$ 给出。

定理 5 如果 $\left(\frac{[R\sqrt{1-\eta}]}{[\sqrt{2Ml}]} - c_{a_1}\right)a_1 > \max\limits_{1\leqslant i\leqslant M} c_i$，那么 $J=1$ 时的静态支付-隐私保护水平博弈 G 的唯一纳什均衡点如下所示：

$$\varepsilon_i^* = a_1, 1 \leqslant i \leqslant M \tag{5.32}$$

$$\boldsymbol{p}^* = (0, \max_{1\leqslant i\leqslant M} c_{\varepsilon_i} + c_i) \tag{5.33}$$

证明：从式(5.27)可以看出，如果 $p_1^* = \max\limits_{1\leqslant i\leqslant M} \varepsilon_i c_{\varepsilon_i} + c_i$，有 $u_i(a_1, \boldsymbol{p}^*) = p_1^* - a_1 c_{a_1} - c_i \geqslant 0 = p_0^* = u_i(a_0, \boldsymbol{p}^*)$。因此，如果 $p_1^* \geqslant \max\limits_{1\leqslant i\leqslant M} a_1 c_{a_1} + c_i$，根据式(5.30)可以得到 $\varepsilon_i^* = a_1, \forall 1 \leqslant i \leqslant M$。从式(5.29)中可以得出，$u$ 随 p_1 单调递减，得到 $u_s((a_1, \cdots, a_1), (0, p_1)) = \frac{R\sqrt{M(1-\eta)a_1}}{\sqrt{2}l} - Mp_1 < \frac{R\sqrt{M(1-\eta)a_1}}{\sqrt{2}l} - Mp_1^* = u_s((a_1, \cdots, a_1), (0, p_1^*)), \forall p_1 > p_1^*$，并且从式(5.31)中可以得到 $p_1^* = \max\limits_{1\leqslant i\leqslant M} a_1 c_{a_1} + c_i$。如果 $\left(\frac{[R\sqrt{(1-\eta)}]}{[\sqrt{2Ml}]} - c_{a_1}\right)a_1 > \max\limits_{1\leqslant i\leqslant M} c_i, u_s((a_1, \cdots, a_1), (0, p_1)) > 0$。因此，式(5.31)支持式(5.33)，这是博弈的一个纳什均衡点。

现在证明这个纳什均衡点是唯一的。假设另外一个纳什均衡点为 $(\varepsilon_i', \boldsymbol{p}')$，其中 $(\varepsilon_i', \boldsymbol{p}') \neq (\varepsilon_i^*, \boldsymbol{p}^*)$。假设 $\varepsilon_i' = a_0$ 为参与者 i 的保护水平。如式(5.27)所示，$(\varepsilon_i', \boldsymbol{p}') = 0 < u_i(\varepsilon_i^*, \boldsymbol{p}^*)$。因此，$(\boldsymbol{\varepsilon}^*, \boldsymbol{p}^*)$ 是唯一的。

备注 1：在这个场景中，所有 M 个参与者都执行感知任务，包括时不变任务和时变任务。

现在考虑具有三个隐私保护水平的场景，其中参与者 i 提交一个高隐私保护水平感知数据，即 $\varepsilon_i = a_1$，并提交一个低隐私保护水平感知数据，即 $\varepsilon_i = a_2$，或者不参加任务，即 $\varepsilon_i = a_0$。当 $p_0^* = 0$ 时，支付策略的纳什均衡点

由 $\boldsymbol{p}^*=(0,p_1^*,p_2^*)$给出。

命题 1 如果参与者 i 的 p_2^* 满足

$$p_2^*=\max(a_2c_{a_2}+c_i,p_1^*+a_2c_{a_2}-a_1c_{a_1})$$

则提交一个 $\varepsilon_i=a_2$ 的低隐私保护水平感知数据。

证明:如果 $p_2^*>a_2c_{a_2}+c_i\geqslant 0$,从式(5.30)中可以得到

$$u_i(a_2,\boldsymbol{p}^*)=p_2^*-a_2c_{a_2}-c_i\geqslant 0=p_0^*=u_i(a_0,\boldsymbol{p}^*) \tag{5.34}$$

如果 $p_2^*>p_1^*+a_2c_{a_2}-a_1c_{a_1}$,有

$$u_i(a_2,p^*)=p_2^*-a_2c_{a_2}-c_i\geqslant p_1^*-a_1c_{a_1}-c_i=u_i(a_1,p^*) \tag{5.35}$$

结合式(5.34)和式(5.35),可以得出如果 $p_2^*\geqslant\max(a_2c_{a_2}+c_I,p_1^*+a_2c_{a_2}-a_1c_{a_1})$,则 $\varepsilon_i^*=a_2$。当 u_s 随着支付减少时,如果 $0\leqslant p_1^*\leqslant a_1c_{a_1}+c_i$,有 $p_2^*=a_2c_{a_2}+c_i$;否则,如果 $p_1^*>a_1c_{a_1}+c_i$,有 $p_2^*=p_1^*+a_2c_{a_2}-a_1c_{a_1}$。

命题 2 如果参与者 i 的 p_1^* 满足

$$p_1^*=\max(a_1c_{a_1}+c_i,p_2^*-a_2c_{a_2}+a_1c_{a_1}) \tag{5.36}$$

则提交一个 $\varepsilon_i^*=a_1$ 的高隐私保护水平感知数据。

证明:该命题的证明类似于命题 1 的证明。

命题 3 参与者 i 没有提交任何感知数据,即 $\varepsilon_i^*=a_0$,如果

$$p_1^*<a_1c_{a_1}+c_i, \tag{5.37}$$

$$p_2^*<a_2c_{a_2}+c_i \tag{5.38}$$

证明:该命题的证明类似于命题 1 的证明。

定理 3 如果$\dfrac{R\sqrt{1-\eta}a_2}{\sqrt{2Ml}}>\max\limits_{1\leqslant i\leqslant M}a_2c_{a_2}+c_i$,有 $u((a_2,\cdots,a_2),\boldsymbol{p}^*)>0$,那么 $J=2$ 时的静态支付-隐私保护水平博弈 G 的纳什均衡点如下:

$$\varepsilon_i^*=a_2,1\leqslant i\leqslant M \tag{5.39}$$

$$\boldsymbol{p}^*=(0,0,\max_{1\leqslant i\leqslant M}a_2c_{a_2}+c_i) \tag{5.40}$$

证明:如果 $p_2^*\geqslant\max(a_2c_{a_2}+c_i,p_1^*+a_2c_{a_2}-a_1c_{a_1})$,有 $\varepsilon_i^*=a_2$,$\forall\, 1\leqslant i\leqslant M$。通过式(5.29),$u_s$ 随着 p_2 单调减小,产生 $u_s((a_2,\cdots,a_2),(0,p_1,p_2))=\dfrac{R\sqrt{M(1-\eta)a_2}}{\sqrt{2}l}-Mp_2<\dfrac{R\sqrt{M(1-\eta)a_2}}{\sqrt{2}l}-Mp_2^*=u_s((a_2,\cdots,a_2),(0,p_1,p_2^*))$,$\forall\, p_2>p_2^*$。因此,从式(5.31)中,得到如果$\dfrac{R\sqrt{1-\eta}a_2}{\sqrt{2Ml}}>\max\limits_{1\leqslant i\leqslant M}a_2c_{a_2}+c_i$,$p_2^*=\max\limits_{1\leqslant i\leqslant M}a_2c_{a_2}+c_i$,则 $p_1^*=0$。因此,式(5.31)支持式

(5.40)，这是博弈的一个纳什均衡点。

定理 4 如果$\frac{R\sqrt{1-\eta}a_1}{\sqrt{2Ml}}>\max\limits_{1\leqslant i\leqslant M}a_2c_{a_2}+c_i$，那么$\boldsymbol{\varepsilon}=(a_{-1},a_0,a_1)$的静态支付-隐私保护水平博弈G的纳什均衡点如下所示：

$$\varepsilon_i^*=a_1, 1\leqslant i\leqslant M \tag{5.41}$$

$$\boldsymbol{p}^*=(0,0,\max_{1\leqslant i\leqslant M}a_2c_{a_2}+c_i) \tag{5.42}$$

证明：如果$p_1^*>a_2c_{a_2}+c_i$，可以得到$u_i(a_1,\boldsymbol{p}^*)=p_1^*-a_1c_{a_1}-c_i\geqslant 0=p_0^*=u_i(a_0,\boldsymbol{p}^*)$以及$u_i(a_1,\boldsymbol{p}^*)=p_1^*-a_1c_{a_1}-c_i\geqslant p_{-1}^*-a_{-1}c_{a_{-1}}-c_i=u_i(a_{-1},\boldsymbol{p}^*)$。因此，如果$p_1^*>\max\limits_{1\leqslant i\leqslant M}a_2c_{a_2}$，根据定义 3 可得到$\varepsilon_i^*=a_1$，$\forall 1\leqslant i\leqslant M$。从式(5.29)中可以得出，随着$p_1$单调减小，有$u_s((a_1,\cdots,a_1),(0,0,p_1))=\frac{R\sqrt{M(1-\eta)}a_1}{\sqrt{2}l}-Mp_1<\frac{R\sqrt{M(1-\eta)}a_1}{\sqrt{2}l}-Mp_1^*=u_s((a_1,\cdots,a_1),(0,0,p_1^*))$，$\forall p_1>p_1^*$。根据公式(5.31)可以得到$p_1^*=\max\limits_{1\leqslant i\leqslant M}a_2c_{a_2}+c_i$。如果$\frac{R\sqrt{1-\eta}a_1}{\sqrt{2Ml}}>\max\limits_{1\leqslant i\leqslant M}a_2c_{a_2}+c_i$，则$u_s((a_1,\cdots,a_1))>0$。因此，式(5.30)能推出式(5.40)，这是博弈的一个纳什均衡点。

总之，讨论了$J=1$和$J=2$的情况，即参与者i选择发送$\varepsilon_i=a_2$的低隐私保护水平数据、$\varepsilon_i=a_1$的高隐私保护水平数据，以及不参与感知任务$\varepsilon_i=a_0$，或提交$\varepsilon_i=a_{-1}$的过噪声数据。静态支付-隐私保护水平博弈在这些场景中的纳什均衡点显示了隐私成本和其他成本的影响。

5.3.2 隐私保护的数据聚合博弈中的动态学习

在本节中，平台和M个参与者之间的交互可以被描述为一个动态博弈。在平台方面，一方面，对准确的感知数据支付更高的费用会降低平台的效用，但未来会激励更多的参与者参与感知任务，另一方面，过度支付可能会导致一些非法参与者的加入，从而降低平台的长期效用。在参与者端，参与者通常根据平台的支付历史选择隐私保护水平，上传感知数据。长期支付低的费用会抑制参与者的参与。鉴于无法及时准确地评估系统双方之间的系统参数，所以应用Q学习、深度Q网络等强化学习试错法，不需要知道整个系统模型的具体参数，就可获得双方的最优策略。

1. 基于Q学习的支付

一个有限的马尔科夫决策过程可以描述平台的支付决策过程。因此,平台可以动态调整支付策略。在每个时隙中,平台的状态由每个参与者的隐私保护水平组成。平台根据当前状态,利用 ξ-贪婪策略选择相应的支付策略。假设隐私评估算法对所有感知数据有效。在时隙 t 中,平台状态 $s^{(t)}$ 由 M 个参与者的不同隐私保护水平的数量组成。平台在时隙 t 接收的带隐私保护水平的感知数据数量为

$$\hat{N}_j^{(t)} = \sum_{i=1}^{M} I(\beta(x)),0 \leqslant j \leqslant J。 \tag{5.43}$$

考虑到两个任务的不同性质,对于时不变任务类型 τ_1,参与者 i 的隐私保护水平为 $\varepsilon_i = \sum_{j=1} \varepsilon_{j,i}$,这里 $\varepsilon_{j,i}$ 表示参与者 i 的第 j 个感知数据的隐私保护水平,对于时变任务类型 τ_2,参与者 i 的隐私保护水平为 $\varepsilon_i = \max\varepsilon_{j,i}^{(t)}$,其中 $\varepsilon_{j,i}$ 代表参与者 i 在位置 j 的隐私保护水平。在这些条件下,平台的收益可以写成

$$\text{Benefit}(\boldsymbol{\varepsilon},\boldsymbol{p}) = \begin{cases} \dfrac{R}{\dfrac{\sqrt{2}l}{M\sqrt{1-\delta}}\sqrt{\sum\limits_{i=1}^{M}\dfrac{1}{(\sum\varepsilon_{j,i})^2}}}, & \tau_1 \in \boldsymbol{\tau},1 \leqslant i \leqslant M \\ \dfrac{R}{\dfrac{\sqrt{2}l}{M\sqrt{1-\delta}}\sqrt{\sum\limits_{i=1}^{M}\dfrac{1}{(\max\varepsilon_{j,i}^{(t)})^2}}}, & \tau_2 \in \boldsymbol{\tau},1 \leqslant i \leqslant M \end{cases} \tag{5.44}$$

请注意,对于上述两种类型的任务,当参与者 i 在每个时间段提交感知数据时,平台向参与者提供支付。

平台支付策略基于Q学习,其中 $Q(\boldsymbol{s},\boldsymbol{p})$ 设置为平台在状态 $\boldsymbol{s}$ 的行动 $\boldsymbol{p}$ 作用下的 Q 函数,根据 ξ-贪婪策略,在 $0<\xi\leqslant 1$ 的情况下,平台以 $1-\xi$ 的概率选取 Q 值最高的动作,随机选取概率为 ξ 的其他动作。支付策略 $\boldsymbol{p}^{(t)}$ 由如下公式表示:

$$\Pr(\boldsymbol{p}^{(t)} = \boldsymbol{p}^*) = \begin{cases} 1-\xi, & \boldsymbol{p}^* = \arg\max\limits_{p_j^{(t)} \in \boldsymbol{p}} Q(\boldsymbol{s},\boldsymbol{p}) \\ \dfrac{\xi}{J^j - 1}, & 其他 \end{cases} \tag{5.45}$$

但是,考虑做出最大的累积奖励。在学习的初始阶段,增加“探索”的

次数可以更好地了解环境，从而获得更大的回报，而在后期，为了保持之前的回报，需要增加“开发”的次数，以便更好地适应本章的模型。这样，也可以在“探索”和“开发”之间实现更好的平衡，因此 ξ 根据如下等式而变化：

$$\xi=\xi_{\text{start}}-\frac{(\eta_{\text{start}}-\eta_{\text{end}})\times \text{learning\_step}}{\text{annealing\_step}} \tag{5.46}$$

其中 ξ_{start}、ξ_{end} 和 annealing_step 是常数，learning_step 随迭代次数而变化。当 ξ_{start} 减少到 ξ_{end} 时，ξ 不变。

平台观察由式(5.43)计算的感知数据的 $\boldsymbol{\varepsilon}^{(t)}$，并获得下一个平台状态 $\boldsymbol{s}^{(t+1)}$。其中 $\boldsymbol{s}$ 的值表示该状态下最高的 $V(\boldsymbol{s})$。该平台通过以下方式更新其 Q 函数：

$$Q(\boldsymbol{s}^{(t)},\boldsymbol{p}^{(t)})\leftarrow(1-\alpha)Q(\boldsymbol{s}^{(t)},\boldsymbol{p}^{(t)}))+\alpha(u(\boldsymbol{\varepsilon}^{(t)},\boldsymbol{p}^{(t)})+\delta V(\boldsymbol{s}^{(t+1)})) \tag{5.47}$$

$$V(\boldsymbol{s}^{(t)})\leftarrow \max_{\boldsymbol{p}^{(t)}\in p^{J}} Q(\boldsymbol{s}^{(t)},\boldsymbol{p}^{(t)}) \tag{5.48}$$

其中 $\delta\in(0,1]$ 代表超过当前支付费用的未来支付费用的权重。图 5.7 显示了平台的状态转换，算法 5-1 给出了这个过程。

当存储平台的状态-动作值时，需使用 Q 表，它是一个二维矩阵。这样，为了获得最佳的动作-状态对，有必要一直保持 Q 表。

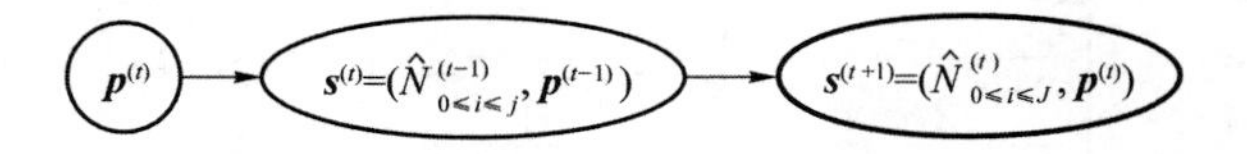

图 5.7 平台的状态转换

算法 5-1 基于 Q 学习的支付

1. 初始化 $\alpha,\delta,\xi_{\text{start}},\xi_{\text{end}}$, annealing_step, learning_step, $\boldsymbol{s}^{0}=\boldsymbol{O}, Q(\boldsymbol{s},\boldsymbol{p})=0$ 以及 $V(\boldsymbol{s})=0, \forall\,\boldsymbol{p},\boldsymbol{s}$；
2. 对于 $t=1,2,3,\cdots$，根据式(5.45)选择 $\boldsymbol{p}^{(t)}$；
3. 根据式(5.46)更新 ξ；
4. 对于 $i=1,2,\cdots,M$，根据定义 3 评估 x_i；
5. 根据式(5.29)接收 $u_s(\boldsymbol{s},\boldsymbol{p})$；
6. 观察 $\boldsymbol{s}^{(t+1)}$；
7. 根据式(5.47)更新 $Q(\boldsymbol{s}^{(t)},\boldsymbol{p}^{(t)})$；
8. 根据式(5.48)更新 $V(\boldsymbol{s}^{(t)})$。

引理 1 随着参与者数量的增加，Q 表的大小呈指数增长。

证明:在一个群智感知任务中,假设有 M 个参与者、N 个支付级别以及 J 个隐私保护水平。对于平台,通过Q表选择一笔付款,每笔付款都需要一条记录。对于参与者,首先考虑每个参与者随机选择一个隐私保护水平,然后每个参与者有 J 个选择,其中 M 个参与者有 J^M 个选择,即 $\hat{N}_j$ 的数量,Q表的大小最多为 $N\times J^M$。这证明了,随着 M 的增加,Q表的大小呈指数级增加。

2. 基于Q学习的隐私保护水平策略

马尔科夫决策过程也可以描述参与者的隐私保护水平决策过程。因此,参与者也可以使用Q学习来执行决策。对于参与者 i,参与者在时隙 t 观察到的状态由参与者的隐私保护水平和之前状态的平台支付组成,即 $\boldsymbol{s}_i^{(t)}=(\varepsilon_i^{(t-1)},\boldsymbol{p}^{(t-1)})\in\boldsymbol{s}_i$,其中 $\boldsymbol{s}_i$ 是参与者 i 的隐私保护水平的状态空间。图5.8展示了参与者 i 的隐私保护水平的状态转换。

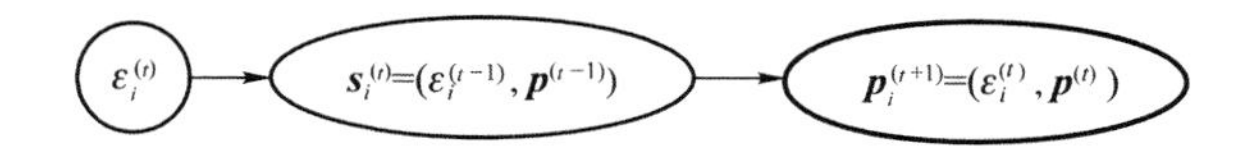

图5.8 参与者隐私保护水平的Q学习的状态转换

令 $Q_i(\boldsymbol{s}_i,\varepsilon_i)$ 表示参与者 i 的价值函数,$V_i(\boldsymbol{s}_i)$ 是状态作用函数。通过以下方式更新 Q 函数:

$$Q_i(\boldsymbol{s}_i^{(t)},\boldsymbol{\varepsilon}_i^{(t)})\leftarrow(1-\alpha)Q_i(\boldsymbol{s}_i^{(t)},\varepsilon_i^{(t)})+\alpha(u_i(\boldsymbol{s}_i^{(t)},\varepsilon_i^{(t)})+\delta V(\boldsymbol{s}_i^{(t+1)})) \tag{5.49}$$

$$V(\boldsymbol{s}_i^{(t+1)})\leftarrow\max\nolimits_{\varepsilon_i}Q_i(\boldsymbol{s}_i^{(t)},\varepsilon_i^{(t)}) \tag{5.50}$$

参与者使用 ξ-贪婪策略选择其隐私保护水平:

$$\Pr(\varepsilon_i^{(t)}=\boldsymbol{\varepsilon}^*)=\begin{cases}1-\xi, & \boldsymbol{\varepsilon}^*=\arg\max\limits_{p_j\in P}Q_i(\boldsymbol{s}_i^{(t)},\varepsilon_i^{(t)})\\ \dfrac{\xi}{J^j-1}, & \text{其他}\end{cases} \tag{5.51}$$

ξ 的变化如式(5.46)所示。基于Q学习的隐私保护水平策略在算法5-2中表示。

算法5-2:基于Q学习的隐私保护水平策略

1. 初始化 $\alpha,\delta,\eta_{\text{start}},\eta_{\text{end}}$,annealing_step,learning_step,$\boldsymbol{s}_i^0=\boldsymbol{O}$,$Q_i(\boldsymbol{s}_i,\varepsilon_i)=0$ 以及 $V_i(\boldsymbol{s}_i)=0$,$\forall\,\boldsymbol{s}_i,\varepsilon_i$;

2. 对于 $t=1,2,3,\cdots$，根据式(5.51)选择 $\varepsilon_i^{(t)}$；

3. 根据式(5.46)更新 ξ；

4. 上传数据 x_i 和隐私保护水平 ε_i 到平台；

5. 根据定义 3 评估 x_i；

6. 根据式(5.27)接收 $u_i(\varepsilon_i, p_{\varepsilon_i})$；

7. 观察$\boldsymbol{s}^{(t+1)}$；

8. 根据式(5.49)更新 $Q_i(\boldsymbol{s}_i^{(t)}, \varepsilon_i^{(t)})$；

9. 根据式(5.50)更新 $V_i(\boldsymbol{s}_i^{(t)})$。

3. 基于深度 Q 网络的支付

根据引理 1，当参与者的数量增加到一定程度时，由于 Q 表的大小呈指数增长，很难简单地依赖 Q 表，所以采用深度 Q 网络来减小 Q 表的大小，从而获得更全面的全局信息。更具体地说，深度 Q 网络使用卷积神经网络来逼近 Q 函数，即 $Q(\boldsymbol{s},\boldsymbol{p};\theta)\approx Q(\boldsymbol{s},\boldsymbol{p})$。Q 函数更新如下：

$$Q(\boldsymbol{s},\boldsymbol{p})=E_{s'\in s}[u'+\gamma \max_{p'\in p} Q(\boldsymbol{s}',\boldsymbol{p}')] \tag{5.52}$$

其中，γ 为折现因子。

使用 $\varphi^{(t)}$ 来表示时隙 t 中的状态序列，包括最近的 $W+1$ 状态和 W 支付动作，即 $\varphi^{(t)}=\{\boldsymbol{s}^{(t-W)},\boldsymbol{p}^{(t-W)},\cdots,\boldsymbol{s}^{(t-1)},\boldsymbol{p}^{(t-1)},\boldsymbol{s}^{(t)}\}$。时隙 t 中的平台经验由$e^{(t)}=\{\varphi^{(t)},\boldsymbol{p}^{(t)},u^{(t)},\varphi^{(t+1)}\}$表示。平台经验存储在内存池中。在本章的动态支付-隐私保护水平博弈中，内存池中只存储最新的相关经验以节省内存空间，即 $D=\{e^{(d)}\}_{1\leqslant d\leqslant D}$。

在图 5.9 所示的基于深度 Q 网络的支付-隐私保护水平博弈系统中，本章提议的神经网络包括两个卷积层、两个批量归一化层和两个完全连接层。两个卷积层都使用修正线性单元作为激活函数。表 5.2 总结了各层的参数。状态序列 $\varphi^{(t)}$ 以 12×10 矩阵输入到卷积神经网络中。在时隙 t 中，平台通过最小化具有学习率 ξ 的均方误差来获得 $\theta^{(t)}$，并且使用损失函数如下：

$$L(\theta^{(t)})=E_{\varphi,\boldsymbol{p},u_s,\varphi'}[(u_s^{(t)}+\gamma \max_{p'\in \boldsymbol{p}^N} Q(\varphi',\boldsymbol{p}';\theta^{(t-1)})-Q(\varphi,\boldsymbol{p};\theta^{(t)}))^2] \tag{5.53}$$

因而有

$$\nabla_{\theta^{(t)}} L(\theta^{(t)})=-E_{\varphi,\boldsymbol{p},u_s,\varphi'}[(u_s^{(t)}+\gamma \max_{p'\in \boldsymbol{p}^N} Q(\boldsymbol{s}^{t+1},\boldsymbol{p}';\theta^{(t-1)})-$$

$$Q(\boldsymbol{s},\boldsymbol{p};\theta^{(t)}))\nabla_{\theta^{(t)}}Q(\boldsymbol{s},\boldsymbol{p};\theta^{(t)})] \tag{5.54}$$

该平台在每个时隙重复随机梯度下降算法，通过从内存池中随机选择一个经验来更新卷积神经网络参数。算法 5-3 总结了基于深度 Q 网络的支付决策算法。本章提出的保护隐私的数据聚合博弈在算法 5-4 中给出。

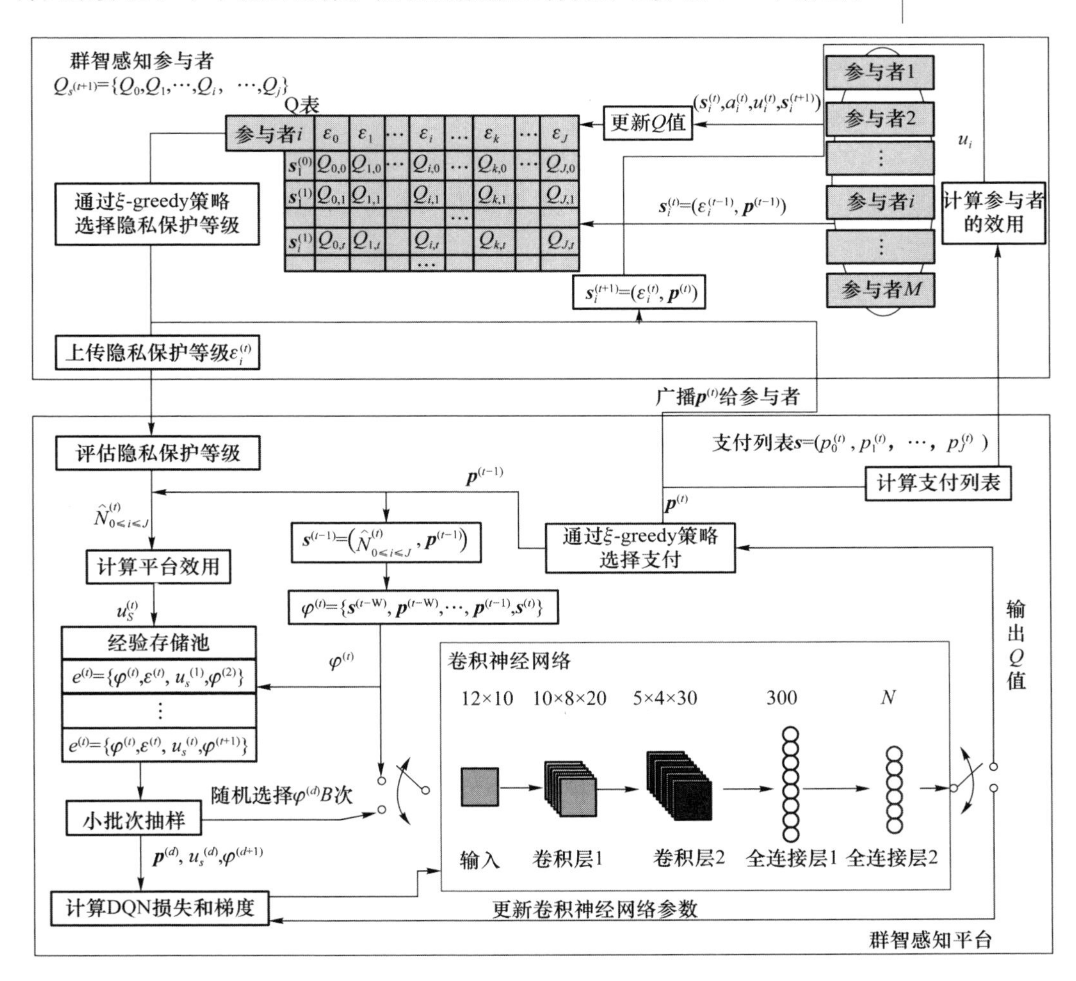

图 5.9 基于深度 Q 网络的支付-隐私保护水平博弈系统

表 5.2 算法 5-3 中的卷积神经网络参数表

层	卷积层 1	批量归一化层 1	卷积层 2	批量归一化层 2	完全连接层 1	完全连接层 2
输入	12×10	10×8×20	10×8×20	5×4×30	600	300
卷积核大小	5×5		3×3			
步长	2					
填充	1					

续表

层	卷积层 1	批量归一化层 1	卷积层 2	批量归一化层 2	完全连接层 1	完全连接层 2
卷积核个数	20		30		300	N
激活函数	修正线性单元		修正线性单元		修正线性单元	
输出	10×8×20	10×8×20	5×4×30	5×4×30	300	N

算法 5-3：基于深度 Q 网络的支付

1. 初始化 $\alpha,\gamma,\boldsymbol{p},D=36,W=10,D=\varnothing,\xi_{\text{start}},\xi_{\text{end}}$，annealing_step 以及 $\hat{N}_i=0$；

2. 用随机权重 θ 初始化深度 Q 网络，用表 5.2 初始化深度 Q 网络；

3. 对于 $t=1,2,3,\cdots$，$\boldsymbol{s}^{(t)}=(\hat{N}^{(t-1)}_{0\leqslant i\leqslant J},\boldsymbol{p}^{(t-1)})$，如果 $t\leqslant W$，则随机选择 $\boldsymbol{p}^{(t)}\in\boldsymbol{p}_{0\leqslant \boldsymbol{p}^{(t)}\leqslant N}$；

4. 否则，获取权重为 $\theta^{(t)}$ 的 $\varphi^{(t)}=\{\boldsymbol{s}^{(t-W)},\boldsymbol{p}^{(t-W)},\cdots,\boldsymbol{s}^{(t-1)},\boldsymbol{p}^{(t-1)},\boldsymbol{s}^{(t)}\}$，获取 $Q(\boldsymbol{p})$；

5. 根据 ξ-贪婪算法选择 $\boldsymbol{p}^{(t)}$；

6. 根据式(5.46)更新 ξ；

7. 利用 $p^{(t)}$ 计算支付列表 $\boldsymbol{p}^{(t)}$；

8. 用广播发布招募信息 $\boldsymbol{p}^{(t)}$；

9. 如果接收到来自参与者 i 的感知数据和隐私保护水平，根据式(5.46)更新 ξ；

10. 获取 $u_s^{(t)}(\boldsymbol{s},\boldsymbol{p}^{(t-1)})$；

11. 对于 $0\leqslant i\leqslant J$，根据式(5.43)计算 $\hat{N}_i^{(t)}$；

12. $D\leftarrow D\cup e^{(t)}$；

13. 对于 $d=1,2,\cdots,D$，从 $e^{(d)}$ 中随机选取 D；

14. $Q^{(d)}\leftarrow u^{(d)}+\gamma\max_{p'}Q(\boldsymbol{s}^{(d+1)},\boldsymbol{p}';\theta^{(t)})$；

15. 根据式(5.53)计算 $\theta^{(t)}$，利用 SGD 算法用 $\theta^{(t)}$ 更新 CNN 权重。

算法 5-4：群智感知中隐私保护的数据聚合博弈

输入：任务类型 τ。

输出:感知数据 x。

1. 招募用户参与感知任务;

2. 根据算法 5-1 或算法 5-3 获得 $\boldsymbol{p}$;

3. 如果 $\tau=\tau_1$,对于 $i=1,2,\cdots,V$,参与者 i 根据算法 2 选择隐私保护水平 ε_i,通过式(5.24)获得有效数据的数量;

4. 根据式(5.25)获取参与者 i 的感知数据 x_i;

5. 在时隙 $t\in T$,对于 $i=1,2,\cdots,U$,参与者 i 根据算法 5-2 选择隐私保护水平 ε_i,通过式(5.24)获得有效数据的数量;

6. 根据式(5.26)获取时间 i 的感知数据 x_t。

5.4 性能评估

通过仿真评估了本章的隐私保护数据聚合博弈在群智感知中的性能。

5.4.1 参数设置

系统参数设置:将参与者的数量设置为[60,120,180,240,300],$J=10$,即 $\varepsilon_i\in\varepsilon=\{-1,0,1,\cdots,10\}$,相应的参与者成本是[1.0,0,1.0,0.9,0.8,0.7,0.6,0.5,0.4,0.3,0.2,0.1],$N=24$,$y_{11}=1.0$,$y_{N1}=5.6$,可信度为 $\delta=0.95$,$R=1\times10^5$。

算法参数设置:Q 学习的学习率设置为 0.2。卷积神经网络的学习率是在收敛后损失值最小时得出的,如图 5.10 所示。可以发现学习率在 0.2 和 0.6 之间,在本章的仿真中,将学习率设置为 0.3,并且 $\xi_{\text{start}}=0.3$,$\xi_{\text{end}}=0.1$,anneal_step=1 000。隐私单位成本从 1 到 2 随机选取。每次仿真进行 500 次,得到平均结果。

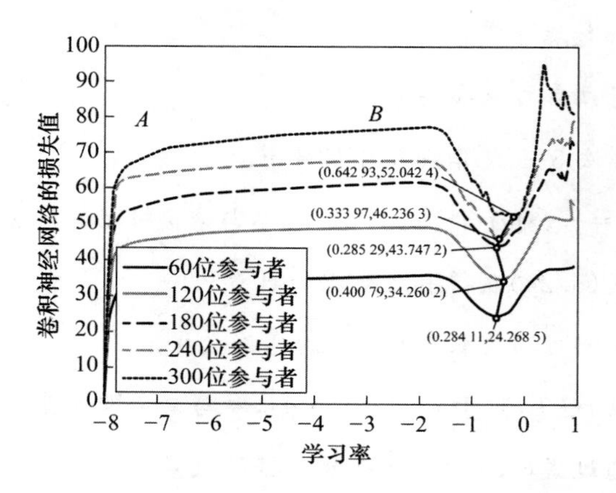

图 5.10　卷积神经网络的损失值和学习率

5.4.2　参与者的性能

本书比较了三种情形下参与者的性能。(1)DQN:由于智能设备计算资源不足,所以平台使用深度 Q 网络,参与者使用 Q 学习算法。(2)Q-learning:平台和参与者均使用 Q 学习算法。(3)Random:平台随机支付费用给参与者,而不考虑他们的隐私保护水平。

如图 5.11(a)所示,可以看到使用深度 Q 网络的参与者的平均效用比使用 Q 学习的高 3.17%,比使用 Random 的高 24.33%。还可以观察到深度 Q 网络收敛得比 Q 学习快得多,这是因为深度 Q 网络应用卷积神经网络来映射状态-动作对,可加快学习速度。

图 5.11(b)使用盒图来表示参与者的隐私保护水平分布,可以看到使用深度 Q 网络和 Q 学习的隐私保护水平高于使用 Random 的隐私保护水平,因为深度 Q 网络和 Q 学习都采用学习策略来做出决策,导致参与者更倾向于降低隐私保护水平以获得更多的支付。还可以观察到,随着参与者数量的增加,使用深度 Q 网络的范围比使用 Q 学习的范围窄。是因为随着参与者数量的增加,状态和动作集变大,Q 学习的学习速度降低,导致其隐私保护水平估计没有深度 Q 网络的准确。

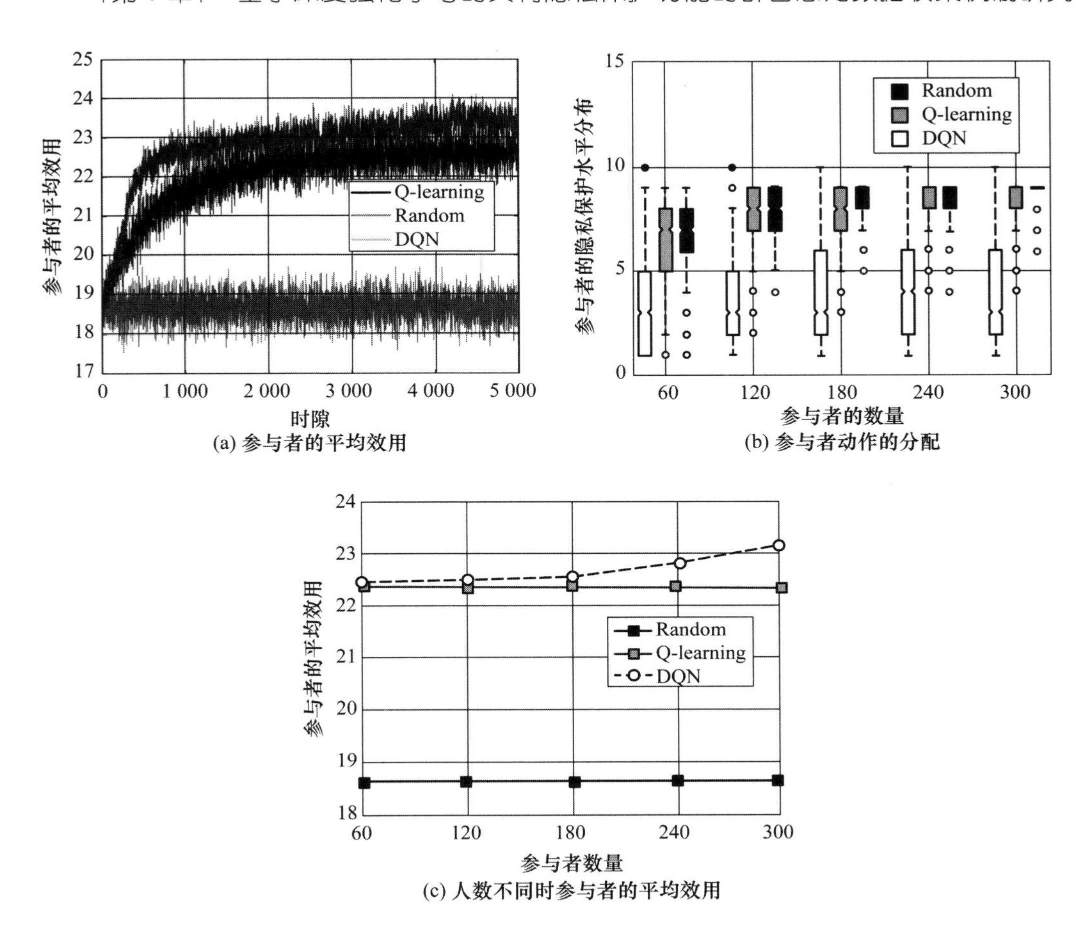

(a) 参与者的平均效用

(b) 参与者动作的分配

(c) 人数不同时参与者的平均效用

图 5.11 参与者的性能

图 5.11 显示，随着参与者数量的增加，使用 Q 学习和 Random 的参与者的平均效用保持稳定，Random 的稳定效用是因为支付是基于参与者的隐私保护水平随机选择的，而 Q 学习的稳定效用是因为支付是基于参与者的隐私保护水平选择的，参与者的数量不影响支付选择。观察到，使用深度 Q 网络的参与者的平均效用随着参与者数量的增加而增加，这是因为随着参与者数量的增加，状态动作集的规模增大，深度 Q 网络使用卷积神经网络加速学习速度，提高支付匹配的准确性，从而提高平均效用。更具体地说，使用深度 Q 网络的参与者的平均效用比使用 Q 学习的增加了 1.37%，比使用 Random 的增加了 21.46%。

5.4.3 平台的性能

如图 5.12(a)所示，使用深度 Q 网络的平均聚集误差与使用 Q 学习的相比减少了 4.31%，与使用 Random 的相比减少了 12.88%。还观察到，由于使用了卷积神经网络来加快学习速度，所以使用深度 Q 网络的平均聚合误差比使用 Q 学习的收敛得更快。类似地，图 12(b)描述了当使用深度 Q 网络时平台的平均效用最大，比使用 Q 学习的多 4.58%，比使用 Random 的多 15.39%，并且深度 Q 网络的收敛比 Q 学习的快。

图 5.12(c)显示出了随着参与者数量的增加，平台的平均聚集误差减小。更具体地说，使用深度 Q 网络的平均聚集误差比使用 Q 学习的平均聚集误差降低了 2.67%，使用 Q 学习的平均聚集误差比使用 Random 的平均聚集误差降低了 12.40%。

在图 5.12(d)中观察到，随着参与者数量的增加，平台的平均效用增加。这是因为聚合误差随着参与者数量的增加而减少，导致平台的收益增加，而对参与者的平均支付费用没有太大变化。更具体地说，使用深度 Q 网络的平台的平均效用比使用 Q 学习的平台高 2.70%，比使用 Random 学习的平台高 12.84%。

图 5.12(e)是在卷积神经网络学习过程中损失值的变化。可以看出，损失值随着参与者数量的增加而增加，这是因为平台的效用随着参与者数量的增加而增加，所以损失值增加。但是随着迭代次数的增加，损失值是稳定的，导致支付费用稳定。

图 5.12(f)显示了平台的支付分布。随着参与者数量的增加，使用深度 Q 网络的范围比使用 Q 学习的范围窄。这是因为随着参与者数量的增加，状态-动作对很大，深度 Q 网络提高了学习速度，所以其与 Q 学习相比有更准确的支付估计。

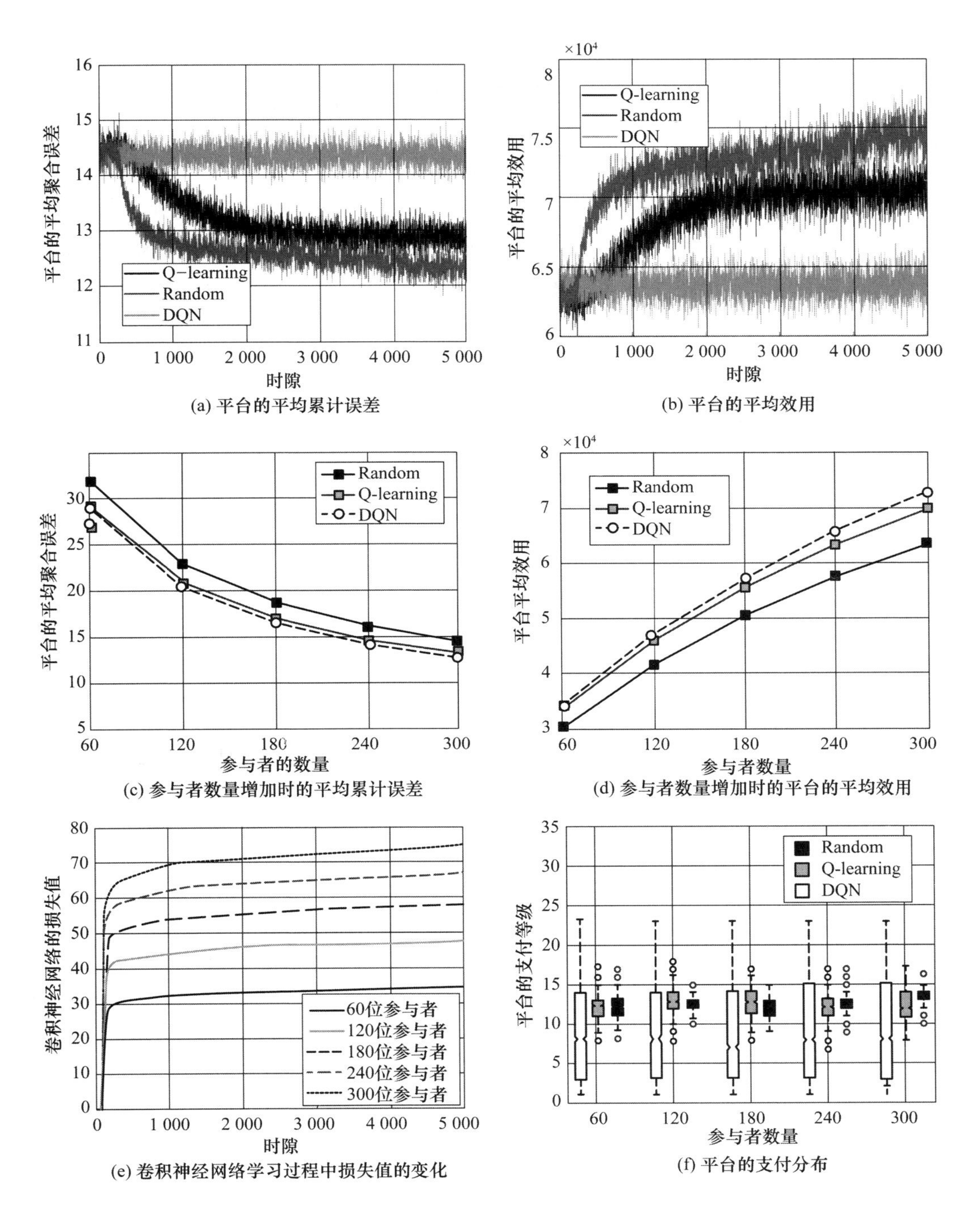
平台的平均聚合误差
Q-learning
Random
DQN
时隙
(a) 平台的平均累计误差
$\times 10^4$
平台的平均效用
时隙
(b) 平台的平均效用
平台的平均聚合误差
参与者的数量
(c) 参与者数量增加时的平均累计误差
平台平均效用
参与者数量
(d) 参与者数量增加时的平台的平均效用
卷积神经网络的损失值
60位参与者
120位参与者
180位参与者
240位参与者
300位参与者
时隙
(e) 卷积神经网络学习过程中损失值的变化
平台的支付等级
参与者数量
(f) 平台的支付分布

图 5.12　平台的性能

5.5 本章小结

在本章中，制订了一个支付-隐私保护水平博弈，并导出了静态博弈的纳什均衡点，其中平台根据每个参与者的隐私保护水平选择指定的支付。在动态支付-隐私保护水平博弈中，在不知道系统模型的情况下，采用Q学习算法推导出支付-隐私保护水平策略。然后，采用深度Q网络，以加快学习速度，尤其是当状态-动作对较大时。本章进行了广泛的仿真，以证明与Q学习算法相比，所提出的基于深度Q网络的算法对平台和参与者都有更大的效用，并且数据聚集误差更小。

第6章 基于深度强化学习的具有隐私保护功能的群智感知激励机制研究

随着物联网的兴起，具有传感和计算功能的移动设备数量急剧增加，为新兴的范式（即群智感知）铺平了道路，促进了人类与周围物理世界之间的交互。尽管群智感知具有优势，但要特别注意的是参与者自身能否将感知数据提交到平台，应避免泄露参与者的敏感信息，并激励参与者提高感知质量。本章提出了一种针对参与者的激励机制，旨在通过将不同的感知任务分配给不同的参与者，以降低参与者隐私泄露的风险，同时还要确保感知数据的可用性并最大化平台和参与者的效用。更具体地说，本章将平台与参与者之间的交互建模为一个多领导者、多跟随者的斯坦伯格博弈，并得出了该博弈的纳什平衡点。环境的复杂性以及不确定性导致难以获得最优策略，因此采用强化学习算法（即Q学习）来获得参与者的最优感知贡献。为了加快学习速度并尽量避免对参与者所提交感知数据质量的乐观高估，本章提出了一种将深度学习算法与Q学习相结合的对抗网络体系结构，即具有对抗架构的双深度Q网络，以获得平台的最优支付策略。为了评估所提出机制的性能，进行了大量仿真实验，以显示出所提出机制与最新技术相比的优越性。

6.1 研究动机

人们一直期望对物理世界有透彻的了解，以为物联网技术的快速发展带来巨大的机会。随着无线通信和传感技术的不断进步,在传感、计算、存储和通信方面具有更强性能的各种传感器的移动设备已经普及到数百万个家庭。在这种情况下,新兴的感知范式(即群智感知)在适当的时机兴起,已经渗透到人们生活中的方方面面。

群智感知的最主要任务之一是激励尽可能多的参与者执行感知任务,即提高参与率。从感知时间的角度来看,群智感知平台不仅希望参与者执行感知任务,而且希望其保持长期参与。但是由于参与者的自私和不确定性,在群智感知中的激励机制设计仍然面临挑战。参与者的自私将会导致以下事实:参与者受到处理能力、存储空间、移动设备电池能量的限制,不愿意免费参加感知活动。参与者的不确定性意味着参与者的感知能力取决于移动设备的能力和参与者的主观个人感觉等因素。同时,人们的随意移动或意外情况可能导致感知活动中断,降低任务完成率。此外,通过招募新参与者来完成中断任务的平台将增加平台成本。为了吸引更多的用户参与,有必要通过补偿参与者来设计激励机制。博弈论可有效地以数学方式设计具有竞争性质的平台与参与者之间的互动。

同时,尽管无线通信和感知技术的发展已经为群智感知应用程序提供了更多功能,但是参与者的隐私是影响这些应用程序开发的主要问题之一。由于参与者收集的数据包括他们的地理位置,因此这可能会泄露参与者访问过的所有位置。更糟糕的是,攻击者可能会基于这些位置构建参与者的轨迹信息,这将泄露参与者更多的隐私。当隐私有泄露风险时,参与者可能会失去参与群智感知的主动权,从而影响了群智感知应用程序的开发。因此,如何保护参与者的隐私已成为研究群智感知的重要课题。

为了应对上述挑战,本章提出了一种在群智感知中的激励机制,以在私有信息保护下招募参与者。由于群智感知任务的异构性,因此假定存在多个平台向多个参与者宣布了感知任务。首先将平台与参与者之间的互动建模为一个多领导者、多跟随者的斯坦伯格博弈,在该博弈中,作为领导者的平台向参与者付款,而作为跟随者的参与者做出贡献,这取决于感知努力等级和隐私保护水平,参与者借此从平台中获得相应的费用。一般来讲,参与者更高的感知努力等级和更低的隐私保护水平将为平台做出更多贡献。然后推导得出唯一的纳什平衡点,这意味着平台和参与者的效用都得到了最大化。本章所提出的群智感知系统如图 6.1 所示，预算有限的平台构成了一个非合作博弈，它可以通过以前记录在数据库集群中的历史记录来集成和调整其支付策略。资源有限和个性化隐私保护水平有限的参与者会根据平台提供的费用来选择合适的感知贡献。平台和参与者构成多领导、多跟随者斯坦伯格感知博弈，其可能发生在室内结构探测、游客旅游拥塞、交通状况感知和一些有实际意义的场景上。平台可以从图 6.1 中的表 A 推断出可行的付款集，每个单元代表参与者的数量。类似地，参与者可以从图 6.1 中的表 B 获得明智的感知贡献，每个单元的表表明来自每个隐私-努力对的平台付款。

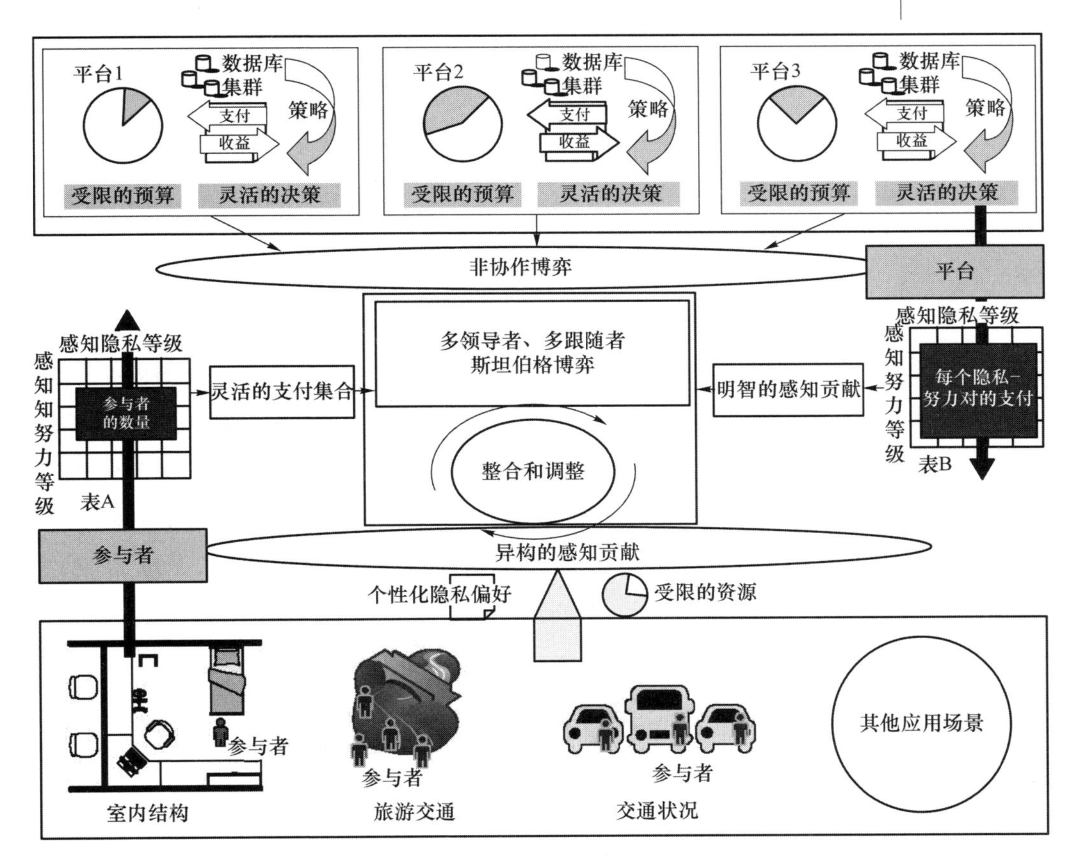

图 6.1 群智感知系统概述

由于在实践中很难准确地获得针对平台和参与者的感知模型，因此使用传统方式计算纳什平衡点并非易事，考虑使用机器学习方法去解决这个问题。由于下一阶段的参与者的感知贡献仅与当前的感知贡献和平台的支付费用有关，而无须了解先前的信息，因此支付费用和感知贡献确定过程可以表示为马尔可夫决策过程，由此可以通过强化学习来解决。在本章中使用强化学习算法 Q 学习来获得最佳传感贡献策略。由于平台的卓越计算能力，因此可进一步使用具有对抗架构的双深度 Q 网络，以获得最佳的支付策略，并加快学习速度并尽量避免对参与者所提交感知数据质量的高估。

本章的主要贡献如下：

- 将平台与参与者之间的交互建模为一个多领导者、多跟随者的斯坦伯格博弈，并推导出其纳什平衡点，从而揭示了平台付款与参与者的感知贡献之间的平衡。
- 采用使用 Q 学习来分别学习平台的支付策略和参与者的感知贡献，从而解决未知的平台和参与者感知模型下的动态博弈。进一步使用具有对抗架构的双深度 Q 网络来加快获取支付策略的速度并避免高估。
- 通过大量的仿真实验，验证了所提出的使用具有对抗架构的双深度 Q 网络的算法在平台和参与者的效用，并验证了与其他方法相比该算法在获得最佳支付策略的时间方面具有出色的性能。

本文的其余部分安排如下：6.2 节介绍了用于保护隐私的群智感知的系统模型；6.3 节模型化了静态的隐私保护多平台、多参与者群智感知博弈，并得出了该博弈的纳什平衡点；6.4 节动态地保留了隐私的多平台、多参与者群智感知博弈，提出了一种基于具有对抗架构的双深度 Q 网络的支付感知贡献策略；6.5 节介绍了实验仿真结果；6.6 节总结了本章内容。

6.2 系统建模

在本节中考虑一个由 N 个参与者和 M 个平台组成的群智感知系统。系统中每个平台发出的感知任务由一个或多个参与者完成，任何参与者都可以加入多个平台的感知任务，如图 6.1 所示。为了便于讨论，将 N 个参与者表示为 $\mathcal{N} \stackrel{\Delta}{=} \{n=1,2,\cdots,N\}$，将 M 个平台表示为 $\mathcal{M} \stackrel{\Delta}{=} \{m=1,2,\cdots,M\}$。为了便于参考，在表 6.1 中总结了本章常用的符号。

表 6.1 第 6 章常用符号

符 号	含 义
M	平台的数量
N	参与者的数量
z_n^m	参与者 n 对平台 m 的感知隐私保护
s_n^m	参与者 n 对平台 m 的感知努力等级
p_n^m	平台 m 对参与者 n 的支付
$\phi(s_n^m, z_n^m)$	参与者 n 对平台 m 的感知贡献
$\chi(s_n^m, z_n^m)$	参与者 n 带给平台 m 的收益
$\psi(s_n^m, z_n^m)$	参与者 n 对平台 m 的花费
X	感知努力的数量
Y	感知隐私的数量
Z	可选择的报酬的数量
c_n	参与者 n 参与感知的随机单位成本
α	Q 学习/深度 Q 网络的学习速率
$\bar{\omega}^{(k)}$	在时隙 k 的状态序列
$\theta^{(k)}$	在时隙 k 的 CNN 权重
B	CNN 的小批量的规模
W	CNN 的输入序列的经验池大小

6.2.1 参与者模型

在参与者模型中，考虑了参与者对平台发布任务的贡献以及采用 ε-差分隐私[58]来定义感知数据的隐私保护水平。给定不同参与者的个性化隐私，如果隐私差距太大，可能会暴露单个参与者，因此必须引入 l_1-敏感性，这为在传感数据上添加扰动提供了上限。

定义 6.1(l_1-敏感性) 如果参与者 n 的两个连续数据 x_n 和 x_n' 满足式(6.1)，则称其满足 l_1-敏感度。

$$\Delta d = \max \| x_n - x_n' \|_1 \leqslant l_1 \tag{6.1}$$

其中 l_1 表示感知数据的范围。

l_1-灵敏度是确定添加噪声量的关键参数。灵敏度越小，可容忍的噪音越小。当参与者从事一项任务时，他们的敏感数据就有泄露的风险。为了保护敏感数据，本节进一步引入差异隐私机制。

定义 6.2(ε_n-差分隐私) 假设 ε_n 是一个正实数,$\langle f(x_n):R\rightarrow R|f(x_n)=x_n+\eta\rangle$ 表示随机算法。对于两个相邻的数据集 x_n 和 x'_n,如果有任何攻击者在算法 $f(\cdot)$ 下,可以观察到数据集 x_n 和 x'_n 的结果满足以下不等式:

$$\frac{\Pr[f(x_n)=o_n^{\text{obs}}]}{\Pr[f(x'_n)=o_n^{\text{obs}}]}\leqslant e^{\varepsilon_n} \tag{6.2}$$

则 $f(\cdot)$ 满足 ε_n-差分隐私。

式(6.2)中的 $\varepsilon_n\in[0,1]$ 和 η 是干扰噪声,可以使用拉普拉斯机制根据感知数据的数值特征来生成该干扰噪声。直观地,如果感知参与者更注重其敏感数据,则他们会将 ε_n 的值设置得较小,在这种情况下,恶意攻击者很难推断出数据本身的内容。

引理 6.1 拉普拉斯机制 $\eta\sim\text{Lap}(0,b_n)$ 提供 $\varepsilon_n=\frac{l_1}{b_n}$ 的 ε_n-差分隐私。

证明:使 $x_i\in R$ 和 $x'_i\in R$ 满足定义 6.1,并且用 $M_{\text{L}}(\cdot;0,b_n)$ 表示拉普拉斯的密度函数。然后在任意观测结果 $o^{\text{obs}}\in R$ 中让 x_i 和 x'_n 满足式(6.3)。

$$\begin{aligned}\frac{\Pr[f(x_n)=o^{\text{obs}}]}{\Pr[f(x'_n)=o^{\text{obs}}]}&=\frac{M_{\text{L}}(x_n;0,b_n)}{M_{\text{L}}(x'_n;0,b_n)}=\frac{e^{-\frac{|x_n-o_n^{\text{obs}}|}{b_n}}}{e^{-\frac{|x'_n-o_n^{\text{obs}}|}{b_n}}}\\&=e^{\frac{|x'_n-o_n^{\text{obs}}|-|x_n-o_n^{\text{obs}}|}{b_n}}\\&\leqslant e^{\frac{|x'_n-x_n|}{b_n}}\leqslant e^{\frac{l_1}{b_n}}\end{aligned} \tag{6.3}$$

根据差分隐私的定义,进一步推导出了 $\varepsilon_n=\frac{l_1}{b_n}$,因此证明了引理 6.1。

定义 6.3(z_n-隐私保护水平) 如式(6.4)所示,原始感知数据 x_n 在加入拉普拉斯噪声后仍然为 x_n 的概率 $\Pr(\cdot)$ 满足 $1-z_n$ 隐私保护水平。

$$\Pr(x_n|x_n+\eta)=1-z_n \tag{6.4}$$

通过对噪声数据进行正则化,使其超出感知数据的灵敏度,然后将其添加到感知数据 x_n 中,如图 6.2 所示,其中点 A、B、C、D 表示产生噪声的概率,相应的 x 轴表示噪声的大小,E、F 分别表示攻击者观察到的 x_n^{obs} 可能来自 x_n 或 x'_n 的概率。按隐私保护水平来排序的话,$z_n(A)>z_n(B)>z_n(C)$。根据 ε_n-差分隐私的定义,进一步得出 $\frac{\Pr(E)}{\Pr(F)}\leqslant e^{\varepsilon_n}$。

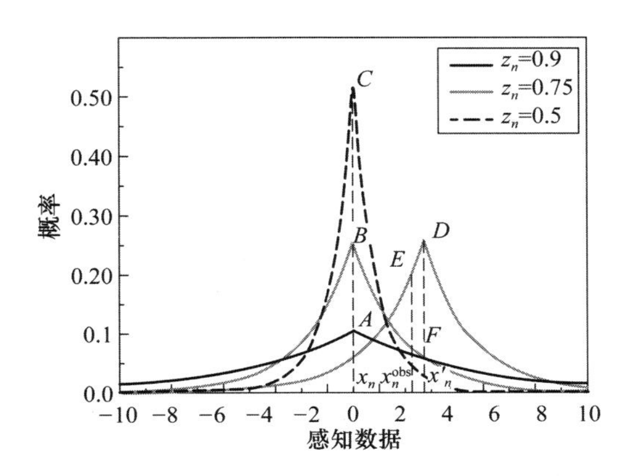

图 6.2 拉普拉斯机制

引理 6.2 给定隐私预算 ε_n 和敏感度 l_1，拉普拉斯机制 $\eta \sim \text{Lap}(0, b_n)$ 可提供$\left(1-\frac{\varepsilon_n}{2l_1}\right)$-隐私保护水平。

证明：通过差分隐私定义可知，当感知数据为实数并且拉普拉斯分布生成的噪声数据为 0 时，即 $\Pr(x_n \mid x_n+\eta)=\frac{1}{2b_n}\mathrm{e}^{-\frac{0}{b_n}}=\frac{1}{2b_n}=1-z_n$，根据引理 6.1，可得出 $z_n=1-\frac{\varepsilon_n}{2l_1}$，因此证明了引理 6.2。

为了衡量参与者对平台的贡献，采用感知努力级别和隐私保护水平来评估参与者 n 的感知贡献 $\phi(s_n, z_n)$，其定义如式(6.5)所示。

$$\phi(s_n, z_n)=s_n\left(1-\frac{s_n}{\rho_1-\rho_2\mathrm{e}^{\rho_3 z_n}}\right) \tag{6.5}$$

(1) 其中 $\phi(s_n, z_n)$ 是非负数，即 $\phi(s_n, z_n)\geqslant 0$。因为如果参与者接收任务，则只要参与者执行任务，就有相应的贡献，并且当 $s_n=0$ 时，感知贡献为 0。受参考文献[60]的启发，$\rho_1-\rho_2\mathrm{e}^{\rho_3 z_n}$ 表示基于隐私保护水平 z_n 的感知数据效用 q_n，随着 z_n 增加，效用 q_n 减小。但是为了提高平台的实用性，本节中通过使感知工作量 s_n 与数据效用 q_n 的比率小于 θ 来保证感知数据的质量，即$\frac{s_n}{q_n}\leqslant\theta$，其可以用互补的累积分布函数 $F_\theta\left(\frac{s_n}{q_n}\right)=\Pr\left(\theta\geqslant\frac{s_n}{q_n}\right)=1-\Pr\left(\theta<\frac{s_n}{q_n}\right)$来表示，假设 F_θ 遵循均匀分布并且 $\theta\in[0,1]$，因此，满足 $\Pr\left(\theta<\frac{s_n}{q_n}\right)=\frac{s_n}{q_n}$。此外，$\rho_1$、$\rho_2$ 和 ρ_3 是非正整数，并且 s_n 满足式(6.6)。

$$\frac{\rho_1-\rho_2 e^{\rho_3}}{2}\geqslant s_n \tag{6.6}$$

(2) 根据式(6.7)可知,$\phi(s_n,z_n)$反比于 z_n。

$$\frac{\partial\phi(s_n,z_n)}{\partial z_n}=-\frac{s_n^2\rho_2\rho_3 e^{\rho_3 z_n}}{(\rho_1-\rho_2 e^{\rho_3 z_n})^2}\leqslant 0 \tag{6.7}$$

如果参与者更加注意保护隐私,则感知贡献将降低。

(3) 由式(6.8)可得,$\phi(s_n,z_n)$正比于 s_n。

$$\frac{\partial\phi(s_n,z_n)}{\partial s_n}=1-\frac{2s_n}{\rho_1-\rho_2 e^{\rho_3 z_n}}\geqslant 0 \tag{6.8}$$

这表明更大的感知努力有益于参与者的感知贡献。

(4) $\phi(s_n,z_n)$是一个凹函数,具有最小值。首先考虑 $\phi(s_n,z_n)$的Hessian矩阵(黑塞矩阵),记为 $\boldsymbol{H}_\phi$,即如式(6.9)所示。

$$\boldsymbol{H}_\phi=\begin{pmatrix}-\dfrac{2}{\rho_1-\rho_2 e^{\rho_3 z_n}} & -\dfrac{2s_n\rho_2\rho_3 e^{\rho_3 z_n}}{(\rho_1-\rho_2 e^{\rho_3 z_n})^2}\\ -\dfrac{2s_n\rho_2\rho_3 e^{\rho_3 z_n}}{(\rho_1-\rho_2 e^{\rho_3 z_n})^2} & -\dfrac{s_n^2\rho_2\rho_3^2(\rho_1+\rho_2 e^{\rho_3 z_n})e^{\rho_3 z_n}}{(\rho_1-\rho_2 e^{\rho_3 z_n})^3}\end{pmatrix} \tag{6.9}$$

用 D_k 表示 $\boldsymbol{H}_\phi$ 的第 k 个顺序主子式,其 $k=1, 2$。如果$(-1)^k D_k>0$,则 $\boldsymbol{H}_\phi$ 是负定矩阵。因此 $\boldsymbol{H}_{-\phi}$的顺序主子式满足式(6.10)和式(6.11)。

$$D_1=-\frac{2}{\rho_1-\rho_2 e^{\rho_3 z_n}}<0 \tag{6.10}$$

$$D_2=\frac{2s_n^2\rho_2\rho_3^2 e^{2\rho_3 z_n}(\rho_1-\rho_2 e^{\rho_3 z_n})}{(\rho_1-\rho_2 e^{\rho_3 z_n})^4}>0 \tag{6.11}$$

因此 $\boldsymbol{H}_\phi$ 是负定矩阵,$\phi(s_n,z_n)$是凹面且具有最大值。感知过程中的参与者将不断调整以获得尽可能大的感知贡献,以便从平台中获得更多的回报。

为了进一步描述参与者,需要考虑参与者对感知的贡献成本,成本函数 $\psi(s_n,z_n)$定义如下:

$$\psi(s_n,z_n)=a_1(1-z_n)-a_2 s_n \tag{6.12}$$

其中 a_n 和 b_n 是常数,$1-z_n$ 表示感知数据的有效性,并且随着参与者的隐私保护水平的提高,参与者面临的隐私泄露风险将降低,损失值也将减少。特别地,当参与者仅考虑隐私的价值时,因此 $\psi(s_n,z_n)=a_1(1-z_n)-o(a_2)s_n$,其中 a_2 是一个最小值,即 $\psi(s_n)=a_1(1-z_n)$。

总之,参与者 n 的效用函数的定义如式(6.13)所示。

$$u_n((s_n^m,z_n^m),p_n^m)=\sum_m p_n^m\phi(s_n^m,z_n^m)-\sum_m\psi(s_n^m,z_n^m) \tag{6.13}$$

其中 s_n^m 表示参与者 n 对平台 m 的感知贡献，z_n^m 表示参与者 n 对平台 m 所做任务的隐私保护水平，p_n^m 表示平台 m 向参与者 n 的支付。

6.2.2 平台模型

首先，平台基于参与者的感知贡献的历史记录来支付费用，参与者的感知贡献是由感知努力级别和隐私保护水平确定的，并且将支付费用广播给参与者以调整感知贡献。不同的隐私保护水平和感知工作形成一个二维矩阵。类似地，平台的支付费用也形成一个二维矩阵，其中每个元素都是感知贡献-隐私保护水平对。考虑到参与者持有的设备的异质性，使用 ω_n^m 表示不同参与者对平台的贡献，并使用 μ^m 表示来自不同平台的收入比例，那么可以得到式(6.14)。

$$u^m((s_n^m,z_n^m),p_n^m)=\varphi^m(s_n^m,z_n^m)-\sum_n p_n^m\phi(s_n^m,z_n^m) \tag{6.14}$$

其中 $\varphi^m(s_n^m,z_n^m)=\mu^m\log_2\left(1+\sum_n\log(1+\omega_n^m\chi(s_n^m,z_n^m))\right)$，在 $\chi(s_n^m,z_n^m)$ 作为一个变量的情况下，其可视为一个凸函数，并且 $\chi(s_n^m,z_n^m)=s_n^m(\rho_1-\rho_2 e^{\rho_3 z_n^m})$ 表示了参与者 n 对平台 m 的贡献，随着隐私保护水平的降低和感知努力的提升，整体平台的安全性将增加。

从图 6.3～6.5 可以看出，所构建的模型在可行域中具有最优解，并且点 A、B 和 C 分别代表该模型在可行域的最优选择。将图 6.4 和图 6.5 对比可知，当平台支付费用减少时，参与者更倾向于以较少的感知努力来提交感知数据。从图 6.5 中可知，由于进行感知努力的成本高昂，因此只有少量的感知努力才能获得较大收益。

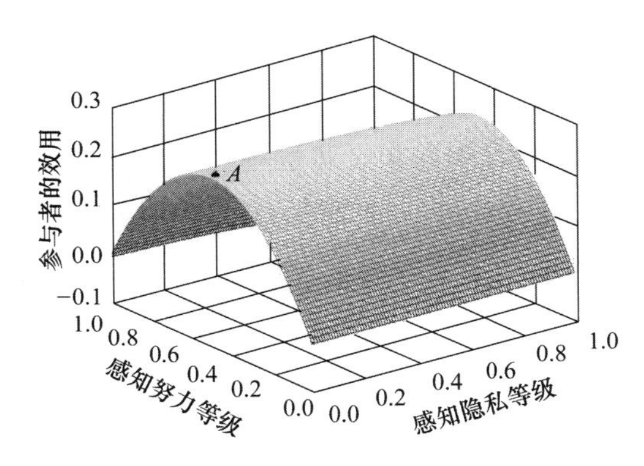

图 6.3 在最大支付费用下参与者感知贡献分配

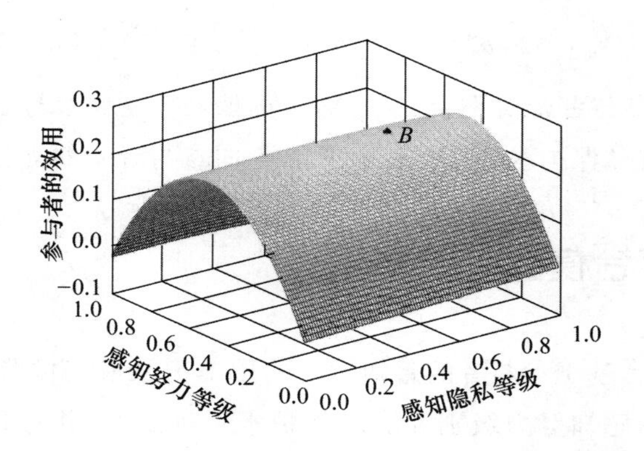

图 6.4　在最小支付费用下参与者感知贡献分配

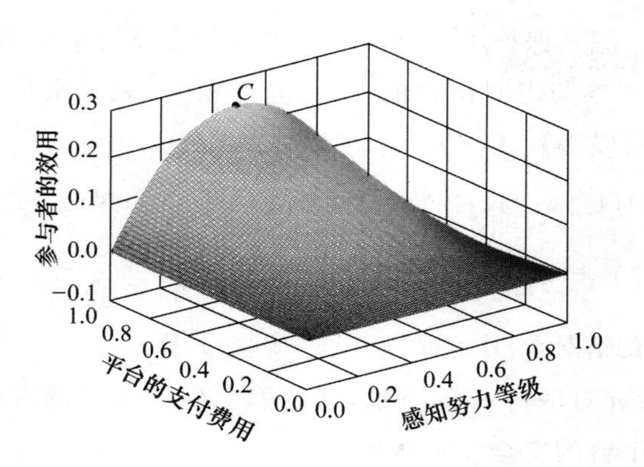

图 6.5　在固定隐私保护水平下参与者的感知努力-支付分布

6.3　多平台、多参与者的静态博弈

本节提出的群智感知模型的目的是分别最大化平台和参与者的效用。其借助将平台和参与者的优化过程视为多领导者、多跟随者的斯坦伯格博弈来完成，如图 6.6 所示，斯坦伯格博弈在平台和参与者之间。首先，平台充当领导者来广播支付清单，然后参与者充当追随者，从而选择他们的感知努力-隐私对并将感知数据上传到平台，最后，参与者从平台获得付款。在本节中还证明了博弈的静态均衡的存在性。

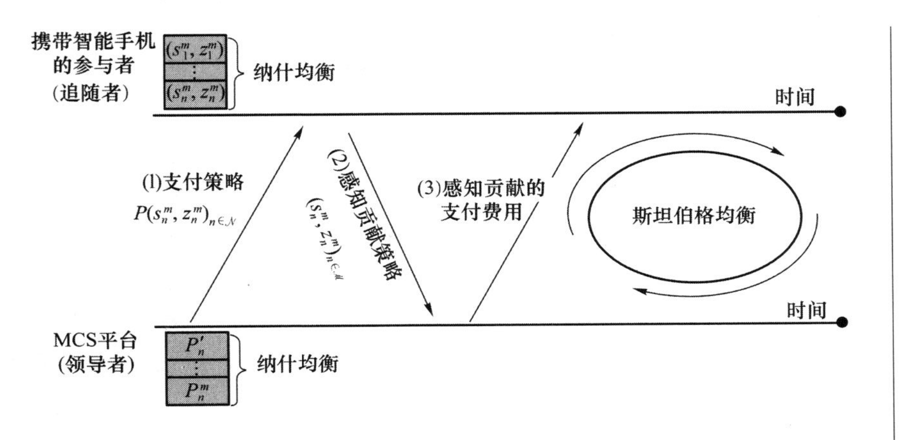

图 6.6 多平台、多参与者博弈概述

6.3.1 问题表述

对于平台 m，其优化问题 Π_1 如下所示：

$$\Pi_1: \max u^m((s^m, z^m), p^m) \tag{6.15}$$

$$\text{约束} \quad \sum_n p_n^m \psi(s_n^m, z_n^m) \leqslant \sigma^m \tag{6.16}$$

$$p_n^m > 0 \tag{6.17}$$

其中不等式(6.16)表示支付给所有参与者的费用不能超过平台的预算，σ^m 表示平台 m 对感知任务的总预算。不等式(6.17)表示平台的支付不能为负数。

对于平台 n，其优化问题 Π_2 由式(6.15)给出。

$$\Pi_2: \max u_n((s_n, z_n), p_n) \tag{6.18}$$

$$\text{约束} \quad \sum_m s_n^m \leqslant k_n \tag{6.19}$$

$$s_n^m > 0 \tag{6.20}$$

$$0 \leqslant z_n^m \leqslant 1 \tag{6.21}$$

其中不等式(6.19)表示参与者的感知努力不能超过一个阈值，k_n 表示参与者 n 的总感知努力。不等式(6.20)表示参与者的感知努力不能为负数。不等式(6.21)表示感知隐私等级保护在 0 到 1 之间。

如果优化问题 Π_1 和 Π_2 有解决方案，则可以获得针对平台和参与者的最佳策略，它们满足定义 6.4。

定义 6.4(纳什平衡点策略) 若最佳策略($p_n^{m^*}$,($s_n^{m^*}$,$z_n^{m^*}$))是群智感知博弈的最优策略集，则

(1) $p_n^{m^*}$ 是一个平台的纳什平衡点，即

$$u^m((s_n^m,z_n^m)\leftarrow(p_n^{m^*},p^{-m^*}),p_n^{m^*},p^{-m^*})$$
$$\geqslant u^m((s_n^m,z_n^m)\leftarrow(p_n^m,p^{-m^*}),p_n^m,p^{-m^*}) \quad (6.22)$$

其中$(\cdot)\leftarrow(\cdot)$表示领导者确定跟随者策略，而$p^{-m*}=(p_n^{m_1})^*_{\forall m_1\in\mathcal{M}/m,\forall n\in\mathcal{N}}$是除 m 之外其他平台的支付策略。

(2) 给定p_n^*，参与者 n 的最佳响应为(s_n^*,z_n^*)，这对于最大化 $u_n((s_n,z_n),p_n^*)$是唯一解。

图 6.7、图 6.8 中的左侧深色区域以及图 6.9 中标记的区域表示 KKT 条件下的可选区域，点 A、B 和 C 是 KKT 条件下的最佳选择，而 A'、B'和 C'是非 KKT 条件下的最佳选择。D 值表示差异值，从中可以知道，在 KKT 条件下选择的空间将缩小，并且最佳值也将减小，因为平台受到付款预算的限制，而参与者受到资源的限制。

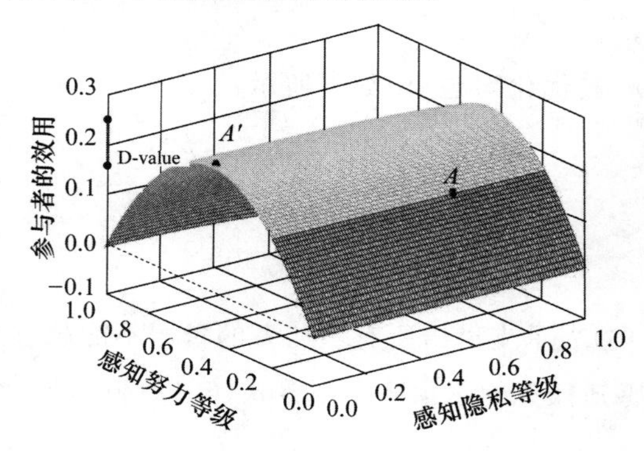

图 6.7 基于 KKT 条件在最大支付费用情况下的参与者的感知贡献分布

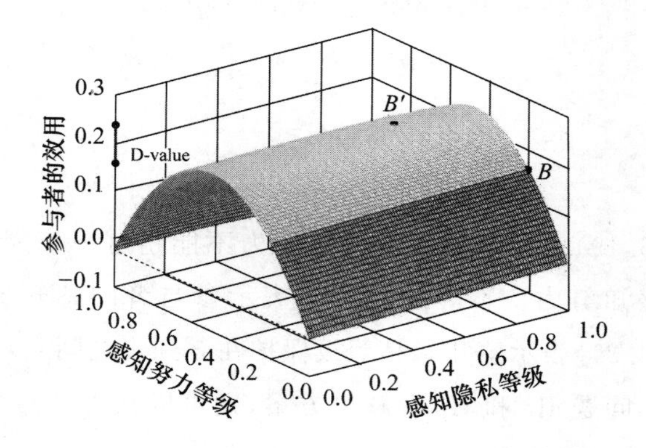

图 6.8 基于 KKT 条件在最小支付费用下的参与者的感知贡献分布

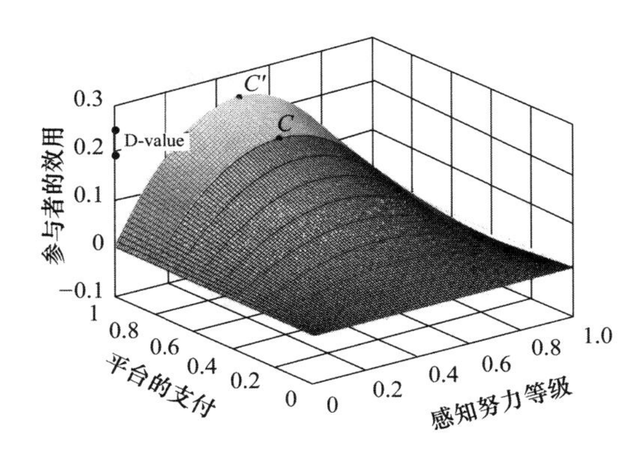

图 6.9 基于 KKT 条件在固定隐私保护水平下的参与的感知努力-支付分布

6.3.2 问题求解

根据前几节对 $u_n(s_n^m, z_n^m)$ 的讨论和约束，可以进一步得出：

命题 6.1 在给定平台支付 p_n 的情况下，参与者 n 的最佳感知贡献 $(s_n^{m^*}, z_n^{m^*})$ 满足

$$(s_n^{m^*}, z_n^{m^*}) = \begin{cases} \left(\dfrac{\rho_1\rho_3(p_n^m - a_2 - \lambda_1)^2 - 4a_1 p_n^m}{2\rho_3 p_n^m (p_n^m - a_2 - \lambda_1)}, \dfrac{1}{\rho_3}\log_2 \dfrac{4p_n^m a_1}{\rho_2\rho_3(p_n^m - a_2 - \lambda_1)}\right), & \text{if } \Gamma_1 \\ \left(\dfrac{\rho_1\rho_3(p_n^m - a_2)^2 - 4a_1 p_n^m}{2\rho_3 p_n^m (p_n^m - a_2)}, \dfrac{1}{\rho_3}\log_2 \dfrac{4p_n^m a_1}{\rho_2\rho_3(p_n^m - a_2)}\right), & \text{else if } \Gamma_2 \\ (0, \max(s_n^m)_{m\in\mathcal{M}}), & \text{else if } \Gamma_3 \\ \left(1, \dfrac{\rho_1 - \rho_2 e^{\rho_3}}{2}\right), & \text{else if } \Gamma_4 \\ (0,0), & \text{otherwise} \end{cases} \tag{6.23}$$

其中，

$$\Gamma_1: \frac{\rho_2\rho_3 a_2 e^{\rho_3} + \rho_2\rho_3\lambda_1 e^{\rho_3}}{4a_1 + \rho_2\rho_3 e^{\rho_3}} \leqslant p_n^m \leqslant \frac{\rho_2\rho_3 a_2 + \lambda_1\rho_2\rho_3}{\rho_2\rho_3 - 4a_1} \tag{6.24}$$

$$\Gamma_2: \frac{\rho_2\rho_3 a_2 e^{\rho_3}}{4a_1 + \rho_2\rho_3 e^{\rho_3}} < p_n^m < \frac{\rho_2\rho_3 a_2}{\rho_2\rho_3 - 4a_1}, \quad \left(\frac{\rho_1(p_n^m - a_2)M}{2p_n^m} - \frac{2a_1 M}{\rho_3(p_n^m - a_2)}\right) \leqslant k_n \tag{6.25}$$

$$\Gamma_3: p_n^m < \frac{\rho_2\rho_3 a_2 \mathrm{e}^{\rho_3} + \rho_2\rho_3\lambda_1 \mathrm{e}^{\rho_3}}{4a_1 + \rho_2\rho_3 \mathrm{e}^{\rho_3}} \tag{6.26}$$

$$\Gamma_4: \frac{\rho_2\rho_3 a_2 + \lambda_1\rho_2\rho_3}{\rho_2\rho_3 - 4a_1} < p_n^m \tag{6.27}$$

证明:根据式(6.5)和式(6.12),问题 Π_2 变成

$$\max \sum_m p_n^m s_n^m \left(1 - \frac{s_n^m}{\rho_1 - \rho_2 \mathrm{e}^{\rho_3 z_n^m}}\right) - a_1 \sum_m (1 - z_n^m) - a_2 \sum_m s_n^m \tag{6.28}$$

$$约束 \quad \sum_m s_n^m \leqslant k_n \tag{6.29}$$

$$s_n^m > 0 \tag{6.30}$$

$$0 \leqslant z_n^m \leqslant 1 \tag{6.31}$$

由式(6.9)可知,Π_2 是一个严格的凸函数,因此可以得出最优解。通过引入拉格朗日公式 L_n,并将拉格朗日系数设置为 λ_{1n}^m、λ_{2n}^m 和 λ_{3n}^m,进一步可以得到

$$L_n = \sum_m \left(p_n^m s_n^m \left(1 - \frac{s_n^m}{\rho_1 - \rho_2 \mathrm{e}^{\rho_3 z_n^m}}\right) - a_1(1 - z_n^m) - a_2 s_n^m \right) + \sum_m \lambda_{1n}^m z_n^m + \sum_m \lambda_{2n}^m (1 - z_n^m) + \sum_m \lambda_{3n}^m s_n^m - \lambda_1 \left(\sum_m s_n^m - k_n \right) \tag{6.32}$$

结合条件(6.19)~(6.21),优化问题的 KKT 条件变为

$$\frac{\partial L_n}{\partial s_n^m} = 0, \quad \frac{\partial L_n}{\partial z_n^m} = 0, \quad \forall m \in \mathcal{M} \tag{6.33}$$

$$\lambda_{1n}^m z_n^m = 0, \quad \lambda_{2n}^m (1 - z_n^m) = 0, \quad \lambda_{3n}^m s_n^m = 0, \quad \lambda_1 (\textstyle\sum_m s_n^m - k_n) = 0 \tag{6.34}$$

$$\lambda_{1n}^m \geqslant 0, \quad \lambda_{2n}^m \geqslant 0, \quad \lambda_{3n}^m \geqslant 0, \lambda_1 \geqslant 0, \quad \sum_m s_n^m \leqslant k_n, \quad s_n^m > 0, \quad 0 \leqslant z_n^m \leqslant 1 \tag{6.35}$$

因此通过式(6.33),可以进一步得到

$$\begin{cases} p_n^m \left(1 - \dfrac{2 s_n^m}{\rho_1 - \rho_2 \mathrm{e}^{\rho_3 z_n^m}}\right) - a_2 + \lambda_{3n}^m - \lambda_1 = 0, \\ a_1 - \dfrac{p_n^m s_n^{m2} \rho_2 \rho_3 \mathrm{e}^{\rho_3 z_n^m}}{(\rho_1 - \rho_2 \mathrm{e}^{\rho_3 z_n^m})^2} + \lambda_{1n}^m - \lambda_{2n}^m = 0 \end{cases} \tag{6.36}$$

此外,可以得到参与者 n 的感知贡献,即

$$\begin{cases} s_n^m = \dfrac{\rho_1 (p_n^m + \lambda_{3n}^m - a_2 - \lambda_1)}{2 p_n^m} - \dfrac{2(a_1 + \lambda_{1n}^m - \lambda_{2n}^m)}{\rho_3 (p_n^m - a_2 - \lambda_1 + \lambda_{3n}^m)} \\ z_n^m = \dfrac{1}{\rho_3} \log_2 \dfrac{4 p_n^m (a_1 + \lambda_{1n}^m - \lambda_{2n}^m)}{\rho_2 \rho_3 (p_n^m - a_2 - \lambda_1 + \lambda_{3n}^m)^2} \end{cases} \tag{6.37}$$

根据式(6.19)～(6.21)和 $s_n^m>0$，由式(6.34)可知 $\lambda_{3n}^m=0$。首先考虑参与者 n 的感知努力。

(1) 当 $\lambda_1=0$ 时，根据式(6.23)和(6.24)，可以推导出 $\sum_m s_n^m<k_n$ 并且

$$\begin{cases} s_n^m=\dfrac{\rho_1(p_n^m-a_2)}{2p_n^m}-\dfrac{2(a_1+\lambda_{1n}^m-\lambda_{2n}^m)}{\rho_3(p_n^m-a_2)} \\ z_n^m=\dfrac{1}{\rho_3}\log_2\dfrac{4p_n^m(a_1+\lambda_{1n}^m-\lambda_{2n}^m)}{\rho_2\rho_3(p_n^m-a_2)^2} \end{cases} \tag{6.38}$$

其中 λ_1 为

$$\lambda_1=1-a_2-\frac{k_np_n^m}{\rho_1M}+$$

$$\sqrt{\frac{1}{p_n^m}+2a_2^2+\frac{4a_1p_n^m}{\rho_1\rho_3}-2a_2p_n^m+\frac{2a_2k_np_n^m}{\rho_1M}-\frac{2a_2p_n^m}{\rho_1M}+p_n^{m_2}-\frac{k_n^2p_n^{m_2}}{\rho_1^2M^2}} \tag{6.39}$$

(2) 当 $\lambda_1\neq 0$ 时，根据式(6.34)和(6.35)，可以推导出 $\sum_m s_n^m=k_n$ 并且 λ_1 满足

$$\sum_m\left(\frac{\rho_1(p_n^m-a_2-\lambda_1)}{2p_n^m}-\frac{2(a_1+\lambda_{1n}^m-\lambda_{2n}^m)}{\rho_3(p_n^m-a_2-\lambda_1)}\right)=k_n \tag{6.40}$$

和

$$\begin{cases} s_n^m=\dfrac{\rho_1(p_n^m-a_2-\lambda_1)}{2p_n^m}-\dfrac{2(a_1+\lambda_{1n}^m-\lambda_{2n}^m)}{\rho_3(p_n^m-a_2-\lambda_1)} \\ z_n^m=\dfrac{1}{\rho_3}\log_2\dfrac{4p_n^m(a_1+\lambda_{1n}^m-\lambda_{2n}^m)}{\rho_2\rho_3(p_n^m-a_2-\lambda_1)^2} \end{cases} \tag{6.41}$$

此外，可以计算得到参与者 n 的隐私保护水平。

(1) 如果 $0<z_n^m<1$，则可以得到 $\lambda_{1n}^m=0$ 和 $\lambda_{2n}^m=0$，因此

$$\begin{cases} s_n^m=\dfrac{\rho_1(p_n^m-a_2-\lambda_1)}{2p_n^m}-\dfrac{2a_1}{\rho_3(p_n^m-a_2-\lambda_1)} \\ z_n^m=\dfrac{1}{\rho_3}\log_2\dfrac{4p_n^ma_1}{\rho_2\rho_3(p_n^m-a_2-\lambda_1)} \end{cases} \tag{6.42}$$

结合式(6.40)，可以进一步推导得到 λ_1。

(2) 如果 $z_n^m=0$，结合式(6.7)和式(6.8)，u_n 的最大值在 $s_n^m=\dfrac{\rho_1-\rho_2}{2}$ 处取得，并且根据式(6.6)，可以进一步得到 $\dfrac{\rho_1-\rho_2e^{\rho_3}}{2}\geqslant\dfrac{\rho_1-\rho_2}{2}$，因此

$$\begin{cases} s_n^m = \max\{s_n^1, s_n^2, \cdots, s_n^m\}, \quad m \in \mathcal{M} \\ z_n^m = 0 \end{cases} \tag{6.43}$$

(3) 如果 $z_n^m = 1$，则函数 u_n 是一个凸函数，此时其最大值在 $s_n^m = \frac{\rho_1 - \rho_2 e^{\rho_3}}{2}$ 处取得，因此

$$\begin{cases} s_n^m = \frac{\rho_1 - \rho_2 e^{\rho_3}}{2} \\ z_n^m = 1 \end{cases} \tag{6.44}$$

至此命题 6.1 得证。

命题 6.2 如果参与者 n 的感知努力满足 $s_n^m > \frac{a_1}{\rho_3 p_n^m}$，则平台始终存在最优解。

证明： 按照先前对参与者的分析，当平台 m 支付时，参与者 n 将提供其感知贡献 (s_n^m, z_n^m)。为了方便计算，进行以下简化表示，其中 $\tau_n^m(s_n^m, z_n^m) = \omega_n^m \chi(s_n^m, z_n^m)$，则 $\varrho^m(\tau_n^m) = 1 + \sum_n \log_2(1 + \tau_n^m)$，最终 $\zeta^m(\varrho^m) = \mu^m \log_2 \varrho^m$。其中把 φ^m 的 Hessian 矩阵定义为 $\boldsymbol{H} = \left(\frac{\partial^2 \varphi^m}{\partial p_{n_1}^m \partial p_{n_2}^m}\right) \in \mathbf{R}^{N \times N}$。另外，用 $\zeta^{m'}(\varrho^m)$，$\zeta^{m''}(\varrho^m)$ 和 $\tau_n^{m''}$ 分别表示 $\frac{\partial \zeta^m(\varrho^m)}{\partial \varrho^m}$，$\frac{\partial^2 \zeta^m(\varrho^m)}{\partial \varrho^{m_2}}$ 和 $\frac{\partial^2 \tau_n^m}{\partial p_n^{m_2}}$。

进一步可以获得 φ^m 相对于 p_n^m 的二阶导数，即

$$\frac{\partial^2 \varphi^m}{\partial p_n^{m_2}} = \frac{\zeta^{m''}(\varrho^m) - \zeta^{m'}(\varrho^m)}{(1+\tau_n^m)^2} \left(\frac{\partial \tau_n^m}{\partial p_n^m}\right)^2 + \frac{\zeta'^m(\varrho^m) \tau_n^{m''}}{1+\tau_n^m} \tag{6.45}$$

并且 φ^m 的二阶偏导数为

$$\frac{\partial^2 \varphi^m}{\partial p_{n_1}^m \partial p_{n_2}^m} = \frac{\zeta^{m''}(\varrho^m)}{(1+\tau_{n_1}^m)(1+\tau_{n_2}^m)} \left(\frac{\partial \tau_{n_1}^m}{\partial p_{n_1}^m}\right) \left(\frac{\partial \tau_{n_2}^m}{\partial p_{n_2}^m}\right) \tag{6.46}$$

假定对角矩阵 $\boldsymbol{H}_1 = \mathrm{diag}(\lambda^1, \lambda^2, \cdots, \lambda^N)$，其中 $\lambda^n = \frac{\zeta'^m(\varrho^m) \tau_n^{m''}}{1+\tau_n^m} - \frac{\zeta^m{}'(\varrho^m)}{(1+\tau_n^m)^2}$。很显然，可以得到 $\zeta'^m(\varrho^m) > 0$，并且如果 $s_n^m > \frac{a_1}{\rho_3 p_n^m}$，可以得到 $\tau_n^{m''} \leqslant 0$，因此进一步可以得到 $\lambda^n \leqslant 0$。

此外，假定 $\boldsymbol{H}_1=\zeta^{m''}(\varrho^m)\boldsymbol{x}\boldsymbol{x}^{\mathrm{T}}$，其中 $\boldsymbol{x}=q^n\in\mathbf{R}^{N\times 1}$，并且 $q^n=\dfrac{1}{1+\tau_n^m}\cdot\dfrac{\partial\tau_n^m}{\partial p_n^m}$。基于 Hessian 矩阵 φ^m 的定义，可以得到 $\boldsymbol{H}=\boldsymbol{H}_1+\boldsymbol{H}_2$。随机选择 $\boldsymbol{u}\in\mathbf{R}^{N\times 1}$，然后可以得到 $\boldsymbol{u}^{\mathrm{T}}\boldsymbol{H}\boldsymbol{u}=\boldsymbol{u}^{\mathrm{T}}\boldsymbol{H}_1\boldsymbol{u}+\boldsymbol{u}^{\mathrm{T}}\boldsymbol{H}_2\boldsymbol{u}$。基于 $\boldsymbol{H}_1$ 的定义，可以得到 $\boldsymbol{u}^{\mathrm{T}}\boldsymbol{H}_1\boldsymbol{u}=\sum_n\lambda^n(u^n)^2\leqslant 0$。对于 $\boldsymbol{H}_2$ 可以得到

$$\boldsymbol{u}^{\mathrm{T}}\boldsymbol{H}_2\boldsymbol{u}=\zeta^{m''}(\varrho^m)\boldsymbol{u}^{\mathrm{T}}\boldsymbol{x}\boldsymbol{x}^{\mathrm{T}}\boldsymbol{u}=\zeta^{m''}\left(\sum_n\frac{u^n}{1+\tau_n^m}\frac{\partial\tau_n^m}{\partial p_n^m}\right)^2 \tag{6.47}$$

根据 $\zeta^{m''}(\varrho^m)=-\dfrac{\mu^m}{(1+\tau_n^m)^2}<0$ 和 $\dfrac{\partial\tau_n^m}{\partial p_n^m}\geqslant 0$，能够得到 $\boldsymbol{u}^{\mathrm{T}}\boldsymbol{H}_2\boldsymbol{u}\leqslant 0$，最终，可以得到 $\boldsymbol{u}^{\mathrm{T}}\boldsymbol{H}\boldsymbol{u}\leqslant 0$，即 φ^m 是凹函数。

同时，计算获得$\dfrac{\partial^2(-p_n^m\phi_m^n)}{\partial p_n^{m_2}}=0$，因为 $-p_n^m\phi_m^n$ 是一个线性函数，所以可以将其视为特殊的凹函数。凹函数之和也是一个凹函数，则 φ^m 是一个凹函数，即每个平台的效用是一个凹函数，因此平台存在斯坦伯格博弈平衡。

此外，通过引入拉格朗日系数 λ_{1n}^m 和 λ_{2n}^m 来进一步分析式(6.16)和式(6.17)的 KKT 条件，如式(6.48)所示。

$$L^m=u^m((s_n^m,z_n^m),p_n^m)-\lambda_{1n}^m\left(\sum_n p_n^m\psi(s_n^m,z_n^m)-\sigma^m\right)+\lambda_{2n}^m p_n^m \tag{6.48}$$

相似地，对于平台 m，最优策略为

$$p^m=\left\{\frac{\partial L^m}{\partial p_n^m}=0,\ \forall n,m\right\} \tag{6.49}$$

首先，考虑到式(6.49)的计算复杂性，并考虑现实中模型之间的交互性，因此平台和参与者之间的交互不能一步一步地完成。其次，由于参与者的多样性，每个参与者都参与其中，并非总是可能从观察到的信息中获得最佳解决方案。因此，平台和参与者之间的交互可以转换为马尔可夫决策过程。图 6.10～6.13 显示的是平台和参与者探索最佳解决方案的过程。图 6.10 表示参与者在给定平台支付费用下选择的最佳感知贡献策略。类似地，图 6.12 表示在给定参与者感知贡献的情况下，平台给出的最佳支付费用。如图 6.11 和图 6.13 所示，对于参与者的每个反应，平台都

有相应的对策。

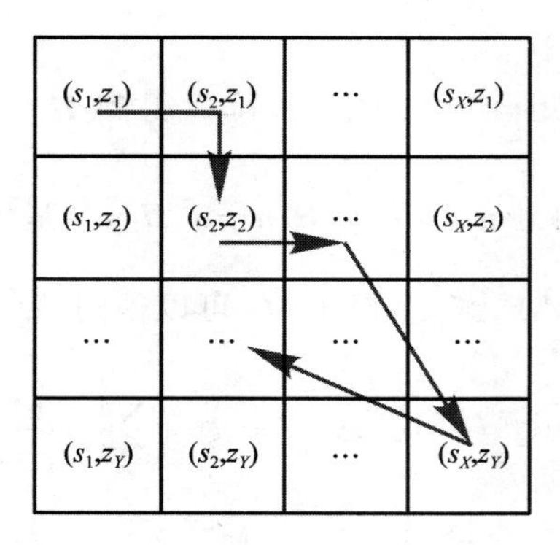

图 6.10　在固定支付费用下探索可行的感知贡献

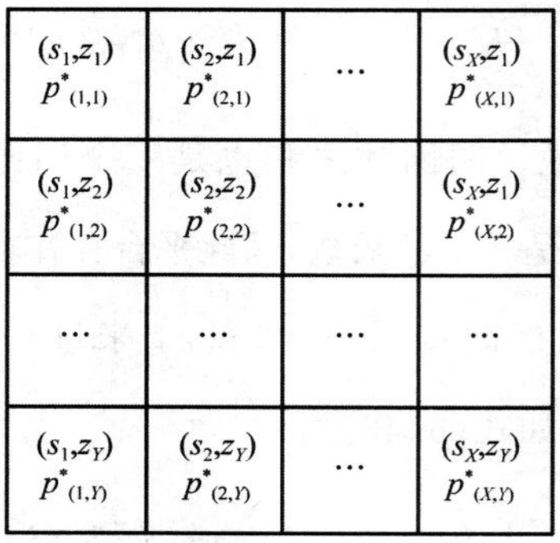

(s_1,z_1) $p^*_{(1,1)}$	(s_2,z_1) $p^*_{(2,1)}$	…	(s_X,z_1) $p^*_{(X,1)}$
(s_1,z_2) $p^*_{(1,2)}$	(s_2,z_2) $p^*_{(2,2)}$	…	(s_X,z_1) $p^*_{(X,2)}$
…	…	…	…
(s_1,z_Y) $p^*_{(1,Y)}$	(s_2,z_Y) $p^*_{(2,Y)}$	…	(s_X,z_Y) $p^*_{(X,Y)}$

图 6.11　平台支付的收敛过程

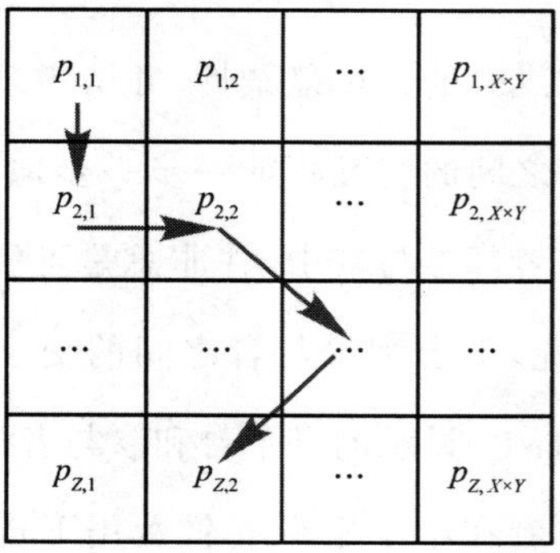

$p_{1,1}$	$p_{1,2}$	…	$p_{1,X\times Y}$
$p_{2,1}$	$p_{2,2}$	…	$p_{2,X\times Y}$
…	…	…	…
$p_{Z,1}$	$p_{Z,2}$	…	$p_{Z,X\times Y}$

图 6.12　在固定感知贡献下探索可行的支付过程

$p_{1,1}$ (s_1^*, z_1^*)	$p_{1,2}$ (s_1^*, z_2^*)	…	$p_{1,X\times Y}$ $(s_1^*, z_{X\times Y}^*)$
$p_{2,1}$ (s_2^*, z_2^*)	$p_{2,2}$ (s_2^*, z_2^*)	…	$p_{2,X\times Y}$ $(s_2^*, z_{X\times Y}^*)$
…	…	…	…
$p_{Z,1}$ (s_Z^*, z_1^*)	$p_{Z,2}$ (s_Z^*, z_2^*)	…	$p_{Z,X\times Y}$ $(s_1^*, z_{X\times Y}^*)$

图 6.13 感知贡献收敛过程

6.4 多平台、多参与者的动态博弈

由于获取准确的平台和参与者的感知模型是不切实际的,因此旨在通过实验和错误来学习平台和参与者的策略,方法是将平台和参与者之间的相互作用公式化为动态的多领导者、多跟随者博弈。更具体地,支付和感知贡献确定过程可以被公式化为马尔可夫决策过程,这可以通过强化学习来解决。对于参与者,使用 Q 学习来获得最佳感知贡献策略。由于平台的卓越计算能力,因此可使用具有对抗架构的双深度 Q 网络来获得最佳支付策略,以加快学习速度并尽量避免对参与者所采用决策的乐观高估。

6.4.1 基于 Q 学习的感知贡献

对于参与者 n,图 6.14 展示了其状态转化过程,其中在时隙 k 时,用感知努力等级 $s_n^{m(k)}$、隐私保护水平 $z_n^{m(k)}$ 以及平台支付的费用 $p_n^{m(k)}$ 来表示状态,用 $a_n^{(k)}=(s_n^{m(k)}, z_n^{m(k)})$来表示动作,然后状态-动作值函数 $Q_n(s_n^{(k)}, a_n^{(k)})$,

其更新如下表示：

$$Q_n(\bar{s}_n^{(k)},a_n^{(k)})=(1-\alpha)Q_n(\bar{s}_n^{(k)},a_n^{(k)})+\alpha(u_n(\bar{s}_n^{(k)},a_n^{(k)})+\delta V(\bar{s}_n^{(k+1)}))\tag{6.50}$$

$$V(\bar{s}_n^{(k+1)})\leftarrow\max_{a_n}Q_n(\bar{s}_n^{(k)},a_n^{(k)})\tag{6.51}$$

其中 $V(\cdot)$ 是状态-值函数，α 是学习速率。

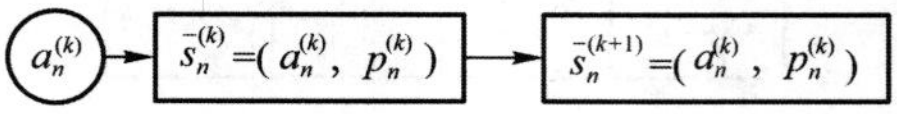

$a_n^{(k)}$ → $\bar{s}_n^{(k)}=(a_n^{(k)},\ p_n^{(k)})$ → $\bar{s}_n^{(k+1)}=(d_n^{(k)},\ p_n^{(k)})$

图 6.14　基于 Q 学习的参与者 n 的状态转化过程

为了最大化式(6.51)，算法模型需要在探索和利用之间均衡。受模型的影响，算法模型开始学习的时候，探索的力度比较大。其中所提出的 ξ-贪婪算法如下所示：

$$\Pr(a_n^{(k)}=a^*)=\begin{cases}1-\xi, & a^*=\arg\max\limits_{a_j\in a_n^m}Q_n(\bar{s}_n^{(k)},a_n^{(k)})\\ \dfrac{\xi}{(XY)^j-1}, & \text{其他}\end{cases}\tag{6.52}$$

其中 ξ 按照如下变化：

$$\xi=\xi_{\text{start}}-\frac{(\xi_{\text{start}}-\xi_{\text{end}})\times \text{learning\_step}}{\text{annealing\_step}}\tag{6.53}$$

其中 ξ_{start}、ξ_{end} 和 annealing_step 是常数，而 learning_step 随迭代次数而变化。当 ξ_{start} 减少至 ξ_{end} 时，ξ 保持不变。参与者 n 的基于 Q 学习的感知贡献策略如算法 6-1 所示。

算法 6-1：基于 Q 学习的感知贡献策略(SCQ)

输入：$\alpha,\delta,\xi_{\text{start}},\xi_{\text{end}}$，annealing_step，learning_step，$\bar{s}_n^0=0$，$Q(\bar{s}_n^m,\bar{p}_n^m)=0$，$V(\bar{s}_n^m)=0$，$\forall\,\bar{s}_n^m,a_n^m$；

输出：感知贡献策略 a_n；

1. 对于 $t=1,2,3,\cdots$，依据式(6.52)选择 $a_n^{(k)}$；

2. 按照式(6.53)更新 ξ；

3. 上传感知努力等级为 s_n^m、感知隐私等级为 z_n^m 的感知数据到平台；

4. 借助式(6.13)计算 $u_n(s_n^m, z_n^m)$；

5. 平台根据参与者的响应组合下一状态 $\bar{s}_n^{(k+1)}$；

6. 通过式(6.50)更新 $Q_n(\bar{s}_n^{(k)}, a_n^{(k)})$；

7. 按照式(6.51)更新 $V_n(\bar{s}_n^{(k+1)})$。

进一步考虑参与者的社会关系，可以将参与者划分为不同的社会群体，在这种情况下，可以在同一群体内共享一些良好信息。根据图6.15，参与者可以通过虚拟市场完成信息交换，其中交换的信息(s_i, z_j, p_k)为当前Q表的内容。参与者的状态和(s_X, z_Y)是可对合作参与者执行的操作对，每个参与者都有隔离的Q表信息，这些信息通过基站、Wi-Fi和接入点进行通信，然后通过互联网骨干网。同时，参与者 n 的状态表示为 $\bar{s}_n^{(k)} = \{s_n^{m(k)}, z_n^{m(k)}, g_n^{m(k)}, p_n^{m(k)}\}$，其中 $g_n^{m(k)}$ 表示社会团体的数量。参与者 n 的动作表示为 $a_n^{m(k)} = \{s_n^{m(k)}, z_n^{m(k)}, g_n^{m(k)}\}$。在算法6-2中显示了基于组信息交换的参与者感知过程。

算法6-2：在组概念下的基于Q学习的感知贡献(SCQG)

输入：$\alpha, \delta, \xi_{start}, \xi_{end}$, annealing_step, learning_step, $\bar{s}_n^0 = 0$, $Q(\bar{s}_n^m, \bar{p}_n^m) = 0$, $V(\bar{s}_n^m) = 0$, $\forall \bar{s}_n^m, a_n^m$。

输出：感知贡献策略a_n。

1：对于 $t = 1, 2, 3, \cdots$，依据式(6.52)选择 $a_n^{(k)}$；

2. 按照式(3-53)更新 ξ；

3. 依据组内信息上传感知努力等级为$\bar{s}_n^m$、感知隐私等级为 z_n^m 的感知数据到平台；

4. 借助式(3-13)计算 $u_n(s_n^m, z_n^m)$；

5. 平台根据参与者的响应组合下一状态 $\bar{s}_n^{(k+1)}$；

6. 通过式(3-50)更新 $Q_n(\bar{s}_n^{(k)}, a_n^{(k)})$；

7. 按照式(3-51)更新 $V_n(\bar{s}_n^{(k+1)})$。

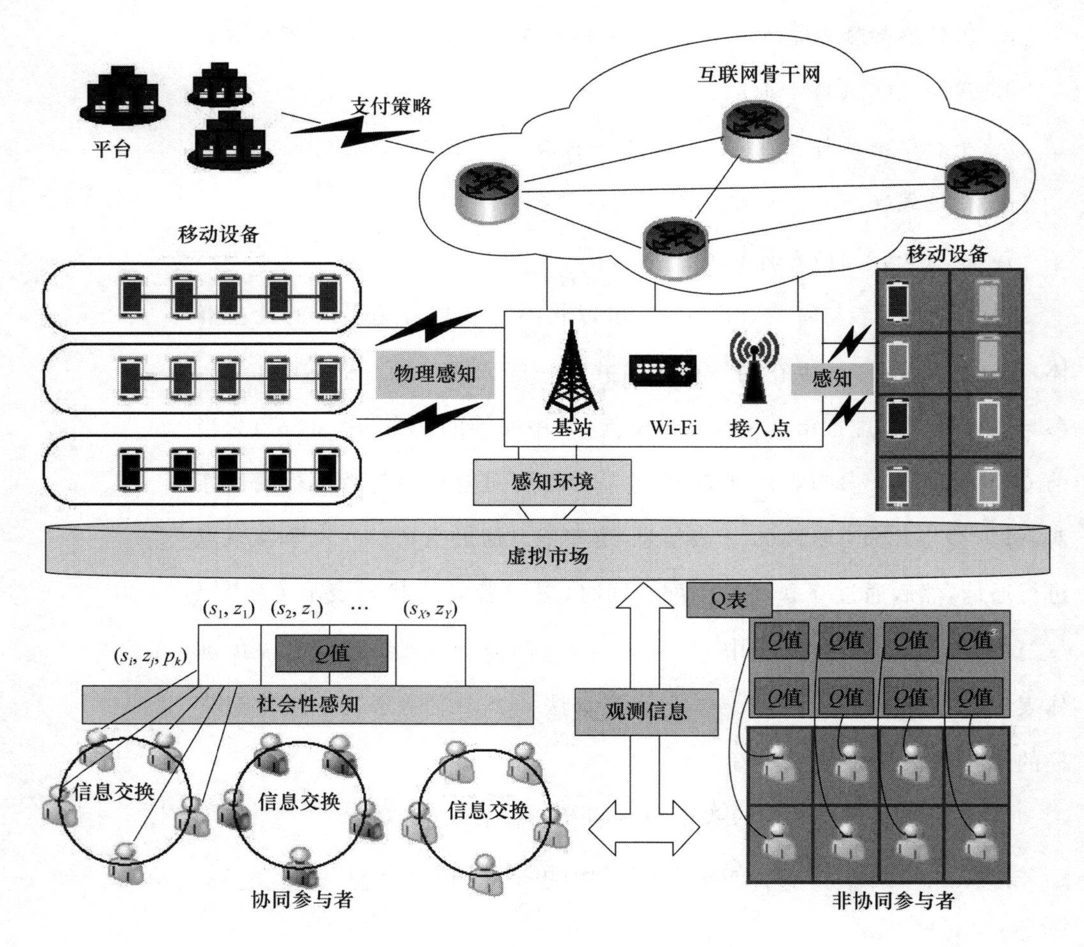

图 6.15　基于组信息共享概述

6.4.2　基于具有对抗架构的双深度 Q 网络的支付

随着参与者数量的增加，如果平台采用 Q 学习，则 Q 表的大小将成倍增长，这样的话平台可能会消耗大量计算能力。因此，提出使用具有对抗架构的双深度 Q 网络，该网络使用串联的两个 CNN 网络来拟合 Q 值[61,62]。在平台方面将参与者 n 的付款（即 p_n^m）设置为动作空间，观察到的状态空间是所有参与者的感知努力等级-隐私保护水平矩阵，即

$$\boldsymbol{H}=(\boldsymbol{z}\times\bar{\boldsymbol{s}})_{X\times Y} \tag{6.54}$$

深层 Q 网络是一个多层神经网络，将深度 Q 网络中的 Q 函数表示为 $Q(\boldsymbol{H}, p_n^m;\theta)$，其中 θ 是网络的参数。主要的转换过程是将 $X\times Y$ 维状态空

间更改为包含 z 操作的操作空间。当在状态 $\boldsymbol{H}^{(k)}$ 中执行动作 $p_m^{n(k)}$ 并收到即时奖励 $u_m^{n(k)}$ 时，会更新参数，使状态为 $\boldsymbol{H}^{(k+1)}$，即

$$\theta^{(k+1)}=\theta^{(k)}+\xi(Q^{\text{target}}-Q(\boldsymbol{H}^{(k)},p_m^{n(k)};\theta^{(k)}))\times\nabla_{\theta^{(k)}}Q(\boldsymbol{H}^{(k)},p_n^{m(k)};\theta^{(k)}) \tag{6.55}$$

其中 ξ 是学习率，而 Q^{target} 表示为

$$Q^{\text{target}}=u_m^{(k+1)}+\gamma\max_{p_n^m\in\boldsymbol{p}_n^m}Q(\boldsymbol{H}^{(k+1)},p_n^m;\theta^{(k)}) \tag{6.56}$$

双深度 Q 网络使用 CNN 近似 Q 函数，即 $Q(\boldsymbol{H}^{(k)},p_n^{m(k)};\theta^{(k)})\approx Q(\boldsymbol{H}^{(k)},p_n^{m(k)})$。Q 函数更新如下：

$$Q(\boldsymbol{H}^{(k)},p_n^{m(k)})\leftarrow Q(\boldsymbol{H}^{(k)},p_n^{m(k)};\theta')+\alpha(Q^{\text{target}}-Q(\boldsymbol{H}^{(k)},p_n^{m(k)};\theta')) \tag{6.57}$$

其中 γ 是折现因子，而 Q^{target} 中的 p_n^m 由神经网络计算如下：

$$p_n^m=\max_{p_n^m\in\boldsymbol{p}_n^m}Q(\boldsymbol{H}^{(k+1)},p_n^m;\theta^{(k)}) \tag{6.58}$$

在所提出的具有对抗架构的双深度 Q 网络算法中，使用一个完全连接的层来拟合函数 $V(\boldsymbol{H};\theta,\beta)$，该函数称为值函数，另一流计算 $A(\boldsymbol{H},p_n^m;\theta,\alpha)$（称为优势函数）并输出 $|p_n^m|$ 维矢量。这里 α 和 β 是这两个完全连接的层流的参数。因此，最后两个完全连接的层的最终 Q 函数如下：

$$Q^{(k)}(\boldsymbol{H},p_n^m;\theta,\alpha,\beta)=V^{(k)}(\boldsymbol{H};\theta,\beta)+\left(A^{(k)}(\boldsymbol{H},p_n^m;\theta,\alpha)-\frac{1}{|p_n^m|}\sum_{p_n^m\in\boldsymbol{p}_n^m}A^{(k)}(\boldsymbol{H},p_n^m;\theta,\alpha)\right) \tag{6.59}$$

同样，Q^{target} 可以扩展并重写为

$$Q^{\text{target}}=u_m^{(k+1)}+\gamma\max_{p_n^m\in\boldsymbol{p}_n^m}Q^{(k+1)}(\boldsymbol{H},p_n^m;\theta,\alpha,\beta) \tag{6.60}$$

在设计的模型中，使用 $\bar{\omega}^{(k)}$ 表示时隙 k 的状态序列，其中包括最近的 $W+1$ 状态 $\boldsymbol{H}^{(k)}$ 和 W 个付款动作 $p^{(k)}$，即 $\bar{\omega}^{(t)}=\{\boldsymbol{H}^{(k-W)},p_n^{m(k-W)},\cdots,\boldsymbol{H}^{(k-1)},p_n^{m(k-1)},\boldsymbol{H}^{(k)}\}$。时隙 k 的平台经验用 $e^{(k)}=\{\bar{\omega}^{(k)},p_n^{m(k)},u_n^{m(k)},\bar{\omega}^{(k+1)}\}$ 来表示。经验存储在内存池中，该池存储最新的相关体验以节省内存池空间，即 $D=\{e^{(d)}\}_{1\leqslant d\leqslant D}$。所提出的基于具有对抗架构的双深度 Q 网络的动态多平台、多参与者博弈如图 6.16 所示，其中包括三层卷积(Conv)层和二层全连接(FC)层。除最后一个应用线性函数的 FC 层外，所有层均使用整流线性单元(ReLU)作为激活函数。图层的参数汇总在表 6.2 中。状态序列 $\bar{\omega}^{(k)}$ 用

$X \times Y$ 矩阵输入到 CNN。在时隙 k 处，平台通过以学习率 ξ 最小化均方误差来获得 $\theta^{(k)}$ 并结合式(6.55)，最终，算法的损失函数如式(6.61)所示。

$$L(\theta^{(k)}) = E_{\bar{\omega}, p_n^m, u_m, \bar{\omega}'}\left[(Q^{\text{target}} - Q(\bar{\omega}, p_n^m, \theta^{(k)}))^2\right] \tag{6.61}$$

因此，

$$\Delta_{\theta^{(k)}} L(\theta^{(k)}) = E_{\bar{\omega}, p_n^m, u_s, \bar{\omega}'}\left[(Q^{\text{target}} - Q(\bar{\omega}, p_n^m; \theta^{(k)})) \times \Delta_{\theta^{(k)}} Q(\bar{\omega}, p_n^m; \theta^k)\right] \tag{6.62}$$

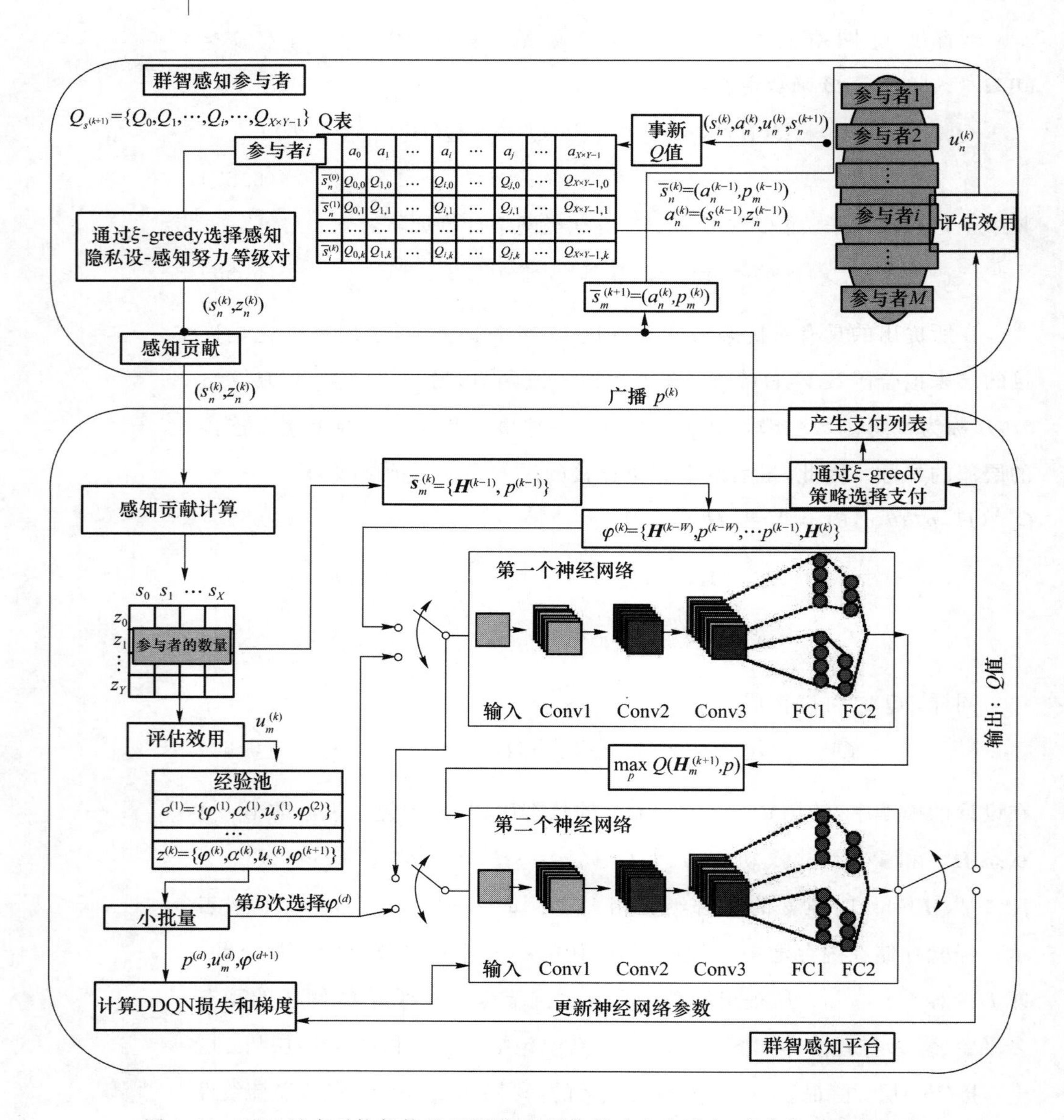

图 6.16　基于具有对抗架构的双深度 Q 网络的动态多平台、多参与者博弈概述

表 6.2 所提出的深度 Q 网络、双深度 Q 网络和具有对抗架构的双深度 Q 网络的网络架构参数

层级	Conv1	Conv2	Conv3	FC1	FC2
输入大小	$X\times Y$	$X\times Y\times 32$	$X\times Y\times 64$	$X\times Y\times 64$	128
过滤器大小	1x1	1x1	1x1		
过滤器数量	32	64	64	128	Z
激活函数	ReLU	ReLU	ReLU	ReLU	Linear
输出大小	$X\times Y\times 32$	$X\times Y\times 64$	$X\times Y\times 64$	128	Z

平台在每个时隙中应用随机梯度下降(SGD)算法，以通过从内存池中随机选择经验来更新具有对抗架构的双深度 Q 网络的参数。在算法 6-3 中总结了基于具有对抗架构的双深度 Q 网络的支付决策算法。

算法 6-3：基于具有对抗架构的双深度 Q 网络的支付决策算法(PDDDQN)

输入：$\xi,\gamma,p_n^m,D=32, W=16,D=\varnothing,\boldsymbol{H}^{(0)}=\boldsymbol{O}$。

输出：支付策略 $p_n^m(s_n^m\times z_n^m)$。

1. 随机初始化具有对抗架构的双深度 Q 网络权重 θ；
2. 对于 $k=1,2,3,\cdots$，如果 $k\leqslant W$，那么随机选择 $p_n^{m(k)}\in p_n^m$；
3. 从经验池 D 中获取 $\{\boldsymbol{H}^{(k-W)},p_n^{m(k-W)},\cdots,\boldsymbol{H}^{(k-1)},p_n^{m(k-1)},\boldsymbol{H}^{(k)}\}$；
4. 通过式(6.59)和式(6.60)获得 $Q^{(k)}(\boldsymbol{H}^{(k)},p_n^m)$ 和 Q^{target}；
5. 通过 ξ-贪婪算法选择 $p_n^{m(k)}\in p_n^m$；
6. 用 $p_n^{m(k)}$ 计算支付列表 $p_n^{m'(k)}$；
7. 广播雇佣信息 $p_n^{m'(k)}$；
8. 对于 $i=1,\cdots,N$，从参与者 i 接受感知贡献(s_n^m,z_n^m)；
9. 通过计算感知贡献 $\chi(s_n^m,z_n^m)$，来支付参与者 i 支付 $p_n^{m'(k)}(s_n^m\times z_n^m)$；
10. $\boldsymbol{H}^{(k+1)}(s_i,z_i)\leftarrow\boldsymbol{H}^{(k+1)}(s_i,z_i)+1$；
11. 获得 $u_m^{(k)}(\boldsymbol{H}^{(k)},p_n^{m(k)})$；
12. $D\leftarrow D\cup\{\boldsymbol{H}^{(k)},p_n^{m(k)},u_m^{(k)},\boldsymbol{H}^{(k+1)}\}$；
13. $d=1,2,\cdots,D,D\leftarrow D\cup\{\boldsymbol{H}^{(k)},p_n^{m(k)},u_m^{(k)},\boldsymbol{H}^{(k+1)}\}$；
14. 通过式(6.57)更新 $Q(\boldsymbol{H}^{(k)},p_n^{m(k)})$；
15. 通过式(6.61)计算 $\theta^{(k)}$；

16. 用 SGD 算法按照式(6.55)更新具有对抗架构的双深度 Q 网络权重 $\theta^{(k)}$。

为了计算 $\theta^{(k)}$,每个平台利用 CNN 训练输出一个动作,即支付。通过参考文献[63]可知单个卷积层的时间复杂度为 $T_C = O\left(\sum_{l=1}^{L} F_l^2 K_l^2 C_{l-1} C_l\right)$,其中 L 为卷积层数,F 是特征映射的长度,K 表示核大小,C 表示过滤器的数量。依据单个全连接层的时间复杂度为 $T_F = O\left(\sum_{l=1}^{L} U_{l-1} U_l\right)$,其中是在中的神经单元的个数。由于 $\sum_{l=1}^{L} F_l^2 K_l^2 C_{l-1} C_l \gg N$ 和 $\sum_{l=1}^{L} F_l^2 K_l^2 C_{l-1} C_l \gg |D|$,对于外层循环的每次迭代主要由计算来控制,其时间复杂度为 $O(T_C + T_F)$。因此算法 6-3 的时间复杂度上限为 $O(k(T_C + T_F))$。

6.5 性能评估

为了评估所提出的多平台、多参与感知博弈的性能,我们进行了大量的仿真实验。该博弈包含 N 个参与者和 M 个平台,并且 M 个平台均基于具有对抗结构的双深度 Q 网络。

6.5.1 参数设置

系统参数设置:μ^m 随机从范围[4,6]中选择,s_n^m 在 0,0.2,0.4,0.6,0.8,1 中生成,即 Y 是 6,z_n^m 在 0,0.2,0.4,0.6,0.8,1 中生成,即 X 是 6,并且 p_n^m 在[0,0.2,0.4,0.6,0.8,1]中选择,即 Z 为 6。ρ_1 是 1.0,ρ_2 是 4×10^{-4} 和 ρ_3 是 2.8。a_1 是根据范围 $[2\times10^{-3}, 4\times10^{-4}]$ 随机生成的,而 a_2 是 1×10^{-10}。ω_n^m 是从范围[15,20] 中随机生成的,σ^m 是从范围 $[0.8,1]\times N$ 中随机选择的,而 k_n 是随机均匀生成的范围 $[0.8,1]\times N$。

CNN 中的超参数设置:Q 学习的学习率为 0.025,小批量规模为 32,训练集大小为 32,算法优化器为 SGD,迭代次数为 100。

6.5.2 平台的性能

本章的目标是通过将不同的感知任务分配给不同的参与者来获得平

台和参与者的最大效用。因此，平台和参与者的效用是本节所重点关注的两个指标。更具体地说，平台的效用等于不同参与者对平台的感知贡献减去平台支付给参与者的费用，参与者的效用等于平台支付给参与者的费用减去参与者的感知成本。

在仿真模拟中，两个平台和多个参与者之间进行交互，其中数据集来源于训练过程中存储在内存池中的状态序列。我们比较了几种平台使用不同算法（包括具有对抗架构的双深度 Q 网络算法、双深度 Q 网络算法、深度 Q 网络算法、AC 算法[103]）获得的结果以及由斯坦伯格均衡获得的最优解。从图示结果可以看出，当参与者数量为 60 时，所有算法的结果都是收敛的。图 6.17 和图 6.19 均描述了平台平均效用的快速收敛过程。与双深度 Q 网络算法、深度 Q 网络算法及 AC 算法相比，具有对抗架构的双深度 Q 网络算法所获得的效用更加接近纳什平衡点，因为具有对抗架构的双深度 Q 网络算法可以挖掘更多有价值的状态，也可以使用其特性来实现快速收敛，同时在具有对抗网络的深度 Q 网络算法的构建下可将 Q 函数分为状态函数和优势函数，以此来预测平台和参与者的动作，也就是说在此算法下，平台的支付更准确和有效。AC 算法的性能比具有对抗架构的双深度 Q 网络算法稍差，因为 AC 算法是基于值算法和基于策略算法的混合体，其中基于策略的算法有时收敛于局部最优，而不是全局最优。

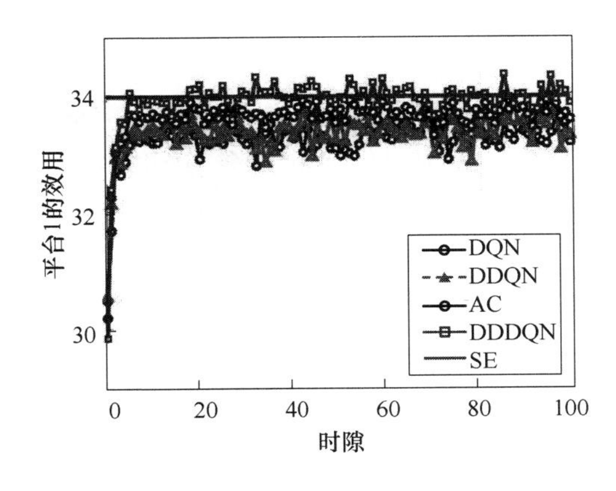

图 6.17　平台 1 的平均效用

从图 6.18 和图 6.20 可以看出，具有对抗架构的双深度 Q 网络算法的参与者平均效用大于其他算法，并且与纳什平衡点最接近，因为具有对抗架构的双深度 Q 网络算法选择参与者采取的动作来做出更多的感知贡献。从图 6.21 可以了解到，具有对抗架构的双深度 Q 网络算法会稳定参与者的动作选择，并鼓励参与者做出更多的感知贡献。从图 6.22 可以看出，支付策略 6 所有算法中是最差的，因为高水平的支付费用会导致平台收支不平衡。双深度 Q 网络算法和深度 Q 网络算法都偏向于支付策略 1，而具有对抗架构的双深度 Q 网络算法支持支付策略 2，这是因为具有对抗架构的双深度 Q 网络算法相比其他两种算法，可以挖掘最有价值的支付策略，和对抗架构相比采用具有对抗架构的双深度 Q 网络算法可以加快学习过程，使支付策略的学习更有利于系统整体的稳定性。

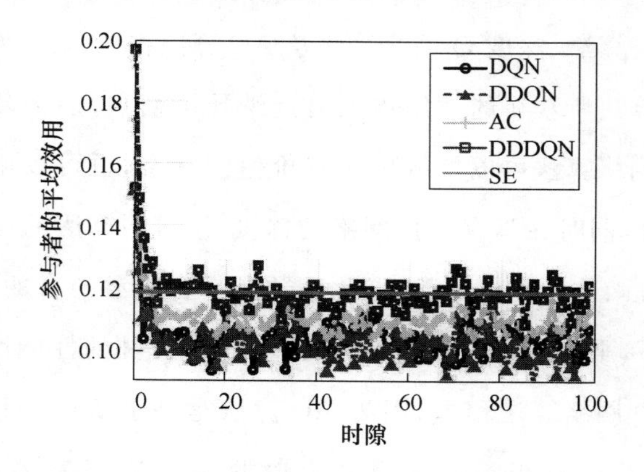

图 6.18　在平台 1 下的参与者的平均效用

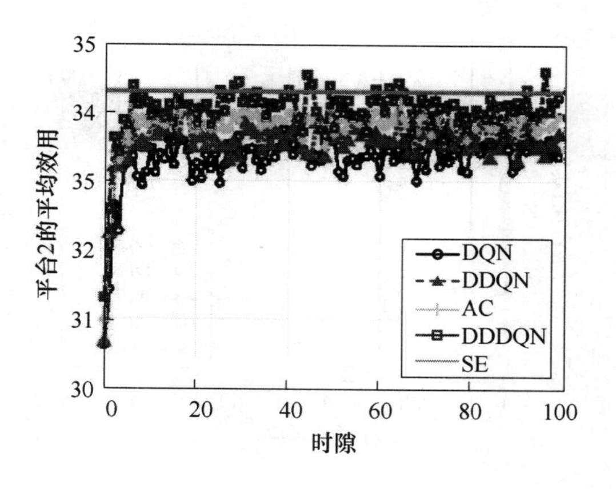

图 6.19　平台 2 的平均效用

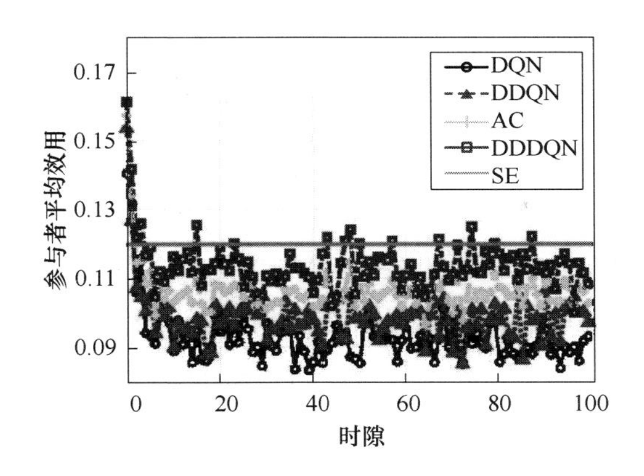

图 6.20　在平台 2 下的参与者的平均效用

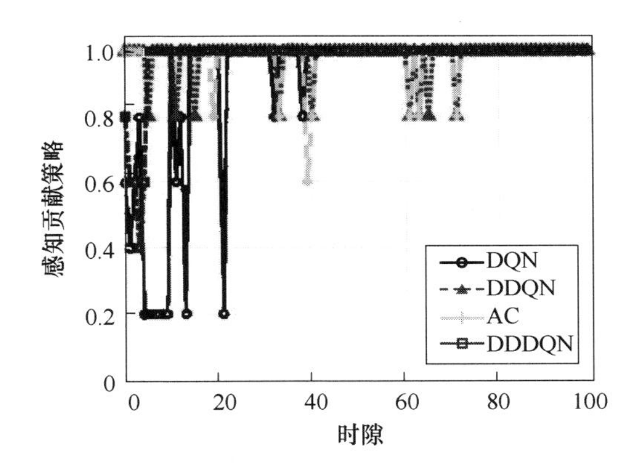

图 6.21　感知贡献

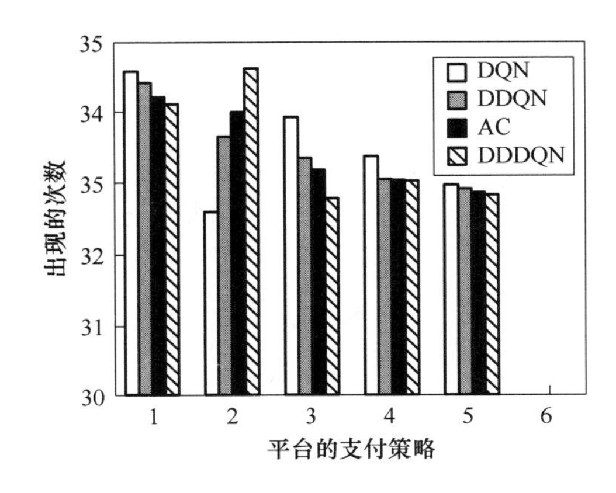

图 6.22　不同支付策略出现次数示意图

图 6.23 阐述了随着参与者和平台数量的增加，平台的平均效用如何

变化。从图 6.23 可以看出，平台的平均效用随着参与者数量的增加而增加。具有对抗架构的双深度 Q 网络的平台平均效用比深度 Q 网络、双深度 Q 网络和 AC 的平台的平均效用分别高 11.55％、6.9％和 1.1％，这是因为具有对抗架构的双深度 Q 网络能够合理利用参与者的行为，在行为中获取更多的信息，从而提高平台的平均效用。从图 6.24 可以看出，参与者的平均效用随着参与者数量的增加而降低。具有对抗架构的双深度 Q 网络的参与者平均效用比深度 Q 网络、双深度 Q 网络和 AC 的参与者的平均效用分别高出 3.97％、2.66％和 1.68％，这是因为具有对抗架构的双深度 Q 网络从深度 Q 网络的状态函数和优势函数中提取了更多有用的信息。

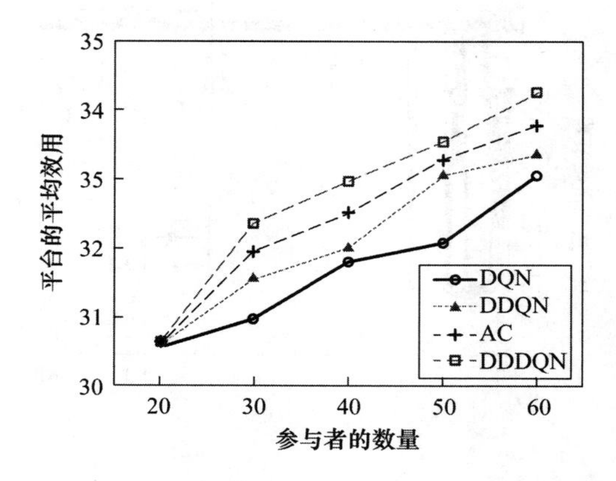

图 6.23　平台的平均效用随着参与者数量变化的示意图

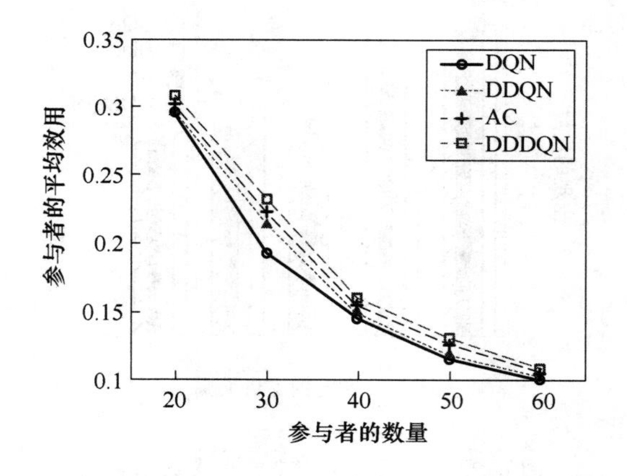

图 6.24　参与者的平均效用随着参与者数量变化示意图

如图 6.25 所示，平台的平均效用随着隐私保护水平的提高而下降。这是因为随着隐私保护水平的提高，每个参与者被混淆的数据更倾向于真实数据，导致平台收益减少。具有对抗架构的双深度 Q 网络的平台的平均效用比深度 Q 网络、双深度 Q 网络和 AC 的平台的平均效用分别高出5.07％、2.66％和 1.26％。如图 6.26 所示，随着隐私保护水平的提高，参与者的平均效用降低。这是因为随着隐私保护水平的提高，支付给参与者的费用会减少。进一步得出具有对抗架构的双深度 Q 网络的参与者的平均效用比深度 Q 网络、双深度 Q 网络和 AC 的参与者的平均效用分别高出 5.91％、2.74％和 1.42％。

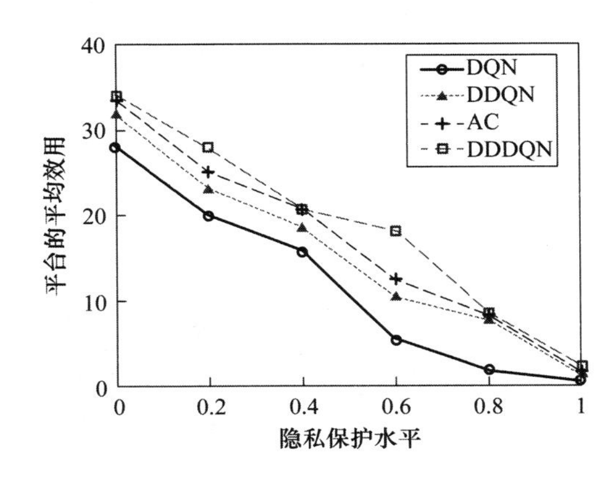

图 6.25 平台的平均效用随着隐私保护水平变化的示意图

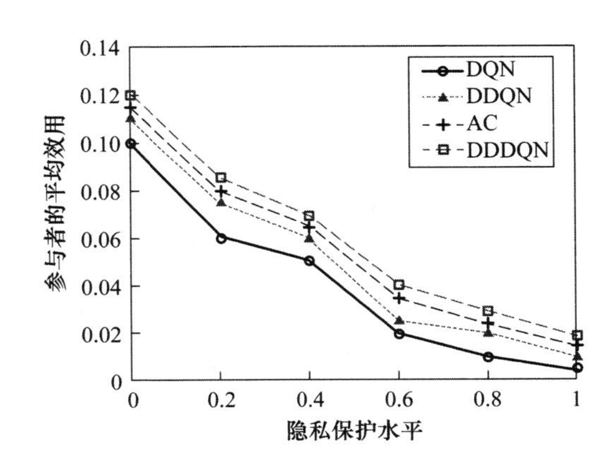

图 6.26 参与者的平均效用随着隐私保护水平变化示意图

当参与者形成多组时，图 6.27 和图 6.28 表明参与者的平均效用增大到收敛，而平台的平均效用减小到收敛，这是因为每组参与者之间存在信息交换，使参与者达成合谋，降低了平台的收益，增加了平台的支付费用，导致参与者的平均效用增加。此外，具有对抗架构的双深度 Q 网络在参与者和平台的平均效用方面表现出比其他算法更好的性能，因为具有对抗架构的双深度 Q 网络倾向于从平台与参与者之间的交互中收集更多的有用信息。在图 6.29 中，平台的平均效用随着组数的增加而降低，这是因为参与者利用组内的信息交换来提高平台的收益。如图 6.30 所示，随着参与者分组数量的增加，参与者分组的平均效用总是比不分组的要大，但参与者的平均效用呈下降的趋势，因为当参与者分组数量的增加时，每组参与者人数会减少，迭代最优策略的数量会减少，这会降低参与者的平均效用。因此，如果只有一个社会群体，那么对平台是有利的；如果有两个社会群体，那对参与者是有利的。

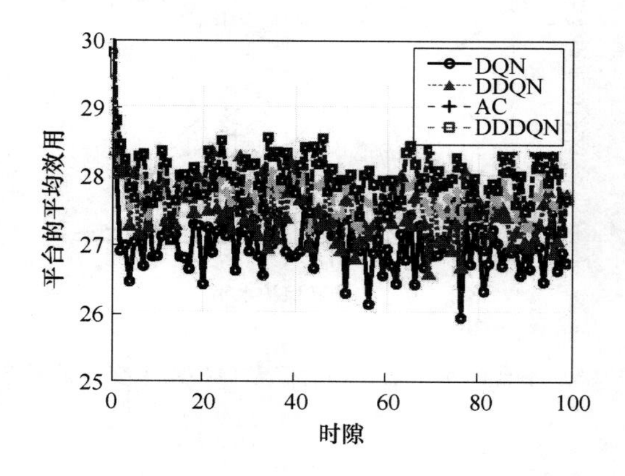

图 6.27　分组平台的平均效用

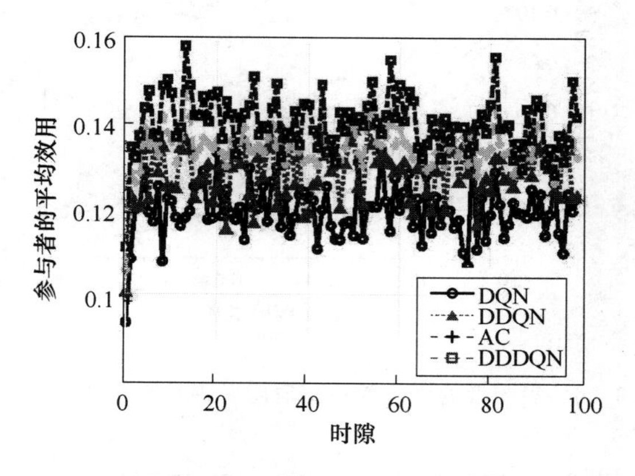

图 6.28　分组参与者的平均效用

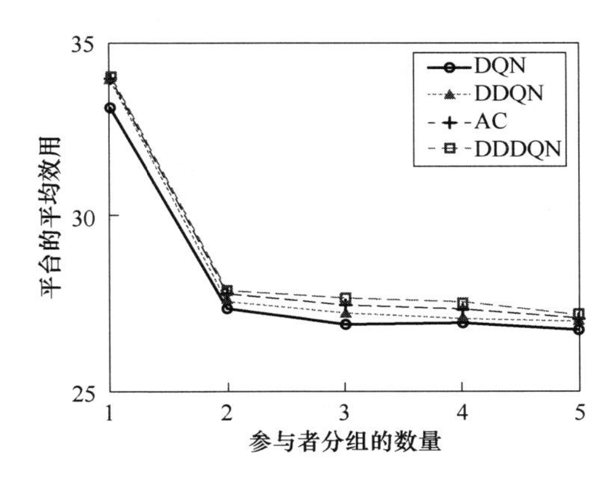

图 6.29 平台平均效用和组数关系的示意图

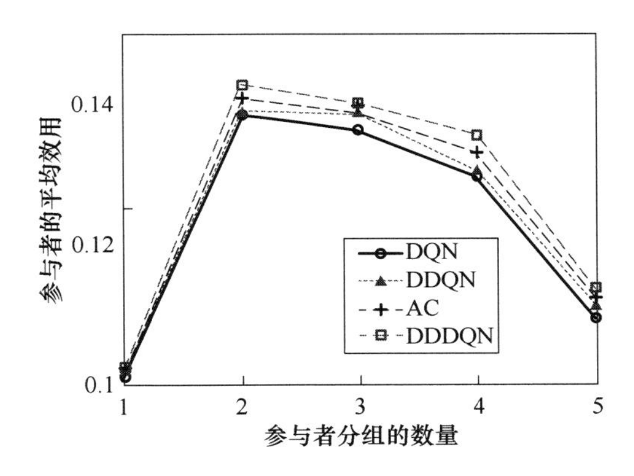

图 6.30 参与者平均效用和组数关系的示意图

为了评估信息损失和精度的权衡，通过使用逻辑回归模型进行实验评估。具体来讲，使用 r^2 作为评价指标，即 $r^2=\frac{\sum_i(\hat{y}_i-\overline{y})^2}{\sum_i(y_i-\overline{y})^2}$，其中 y_i 表示真实值，$\hat{y}_i$ 表示模型预测值，同时 $\overline{y}$ 表示真实值的平均值，即 $\frac{1}{n}\sum_{i=1}^{n}y_i$。$r^2$ 的值介于 0 到 1 之间，用其值来评价回归模型的拟合程度。若值越接近 1，则表示预测值 $\hat{y}_i$ 和真实值 y_i 非常接近，这也意味着模型拟合得更好。如图 6.31 所示，可以看出，随着隐私保护水平的提高，准确率降低。这是因为随着隐私保护水平的提高，被混淆的数据与真实数据之间的差异增大，导致准确率降低。

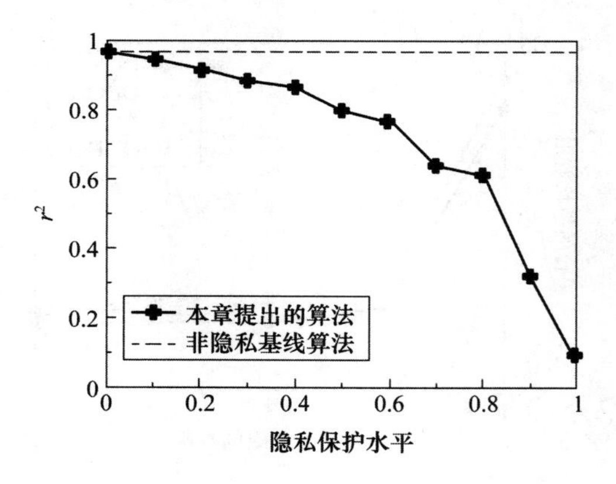

图 6.31　隐私泄露和精度权衡示意图

图 6.32 显示了 CNN 学习过程中损失值的变化。结果表明，损失值随着参与人数的增加而增加，根据公式(6.14)、式(6.56)以及式(6.61)可知，这是因为平台的效用随着参与人数的增加而增加，损失价值增加。此外，随着迭代次数的增加，损失值趋于稳定，这为支付策略趋于稳定提供了支撑。

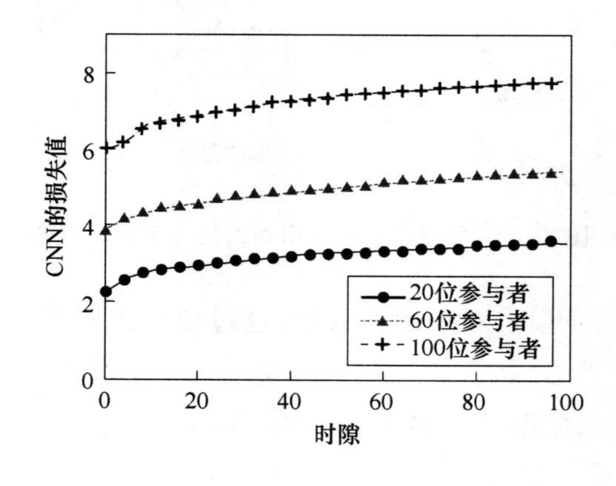

图 6.32　CNN 损失值变化示意图

6.6　本章小结

在本章中，将平台与参与者之间的交互公式化为一个多领导者、多跟随者的斯坦伯格博弈,并推导了其静态博弈的纳什平衡点,其中平台根据参与者的感知贡献来选择支付的费用,而感知贡献是由感知成本和隐私保护水平决定的。在未知准确感应模型的动态多领导者、多跟随者斯坦伯格博弈中,采用 Q 学习来得出参与者的感应贡献,并使用具有对抗架构的双深度 Q 网络来加快学习速度并尽量避免对参与者所采用决策的乐观高估。我们进行了大量的仿真实验,证明了与最新算法相比,所提出的机制对平台和参与者都有更大的实用性。

第7章
总结与展望

本书从目前群智感知可能涉及用户隐私安全的问题出发，在国家自然科学基金和国家科技重大专项的支持下，对群智感知的隐私保护进行了系统性的研究。下面总结本书的三个研究成果，并进一步讨论接下来的研究方向。

1. 具有隐私保护功能的群智感知在线控制机制

第一，由于到达平台的感知任务的数目是未知的，并且参与者动态地加入和离开平台，因此该平台将确定性控制策略应用于非确定性场景时会导致感知效率低下。因此，期望对感知任务和参与者做出自适应决定。第二，每个智能终端的容量（如缓冲区大小）受到限制，这是严重和潜在网络拥塞的根源。如果过多的感知任务进入系统，则平台可能会过载。因此，有必要进行接入控制以保证系统的稳定性。第三，随着人们更加关注隐私保护，如果其感知数据暴露了个人信息甚至导致恶意攻击，则群智感知参与者可能不会提供其数据。因此，还应考虑保护他们的个人隐私。例如，GPS的传感器和用于收集数据的相机可以显示位置之类的个人信息。如果这些数据使用不当或被秘密泄露，则很容易侵犯个人隐私。与其他传感器网络相比，恶意参与者可以控制群智感知中的智能终端进行攻击。因此，在收集数据和个人信息时，可以将群智感知平台视为不信任的对象，但是，如果参与者采用过强的安全保护策略，则可能无法获得准确的终端数据。第四，该平台需要向参与者支付一定的费用来完成感知任务，因为参与者需要花费一定的成本，包括前往任务点的成本、隐私泄露和资源消耗的成本。如果参与者没有得到适当的补偿，他们可能不愿意完成平台分配的感知任务。针对上述问题，本书研究了一种在线控制机制，其中考虑了平台利润最大化、系统稳定性和群智感知系统参与者的位置隐私。本书使用 Lyapunov 优化理论在平台利润和系统稳定性之间进行权衡。并且本书提出了一种距离混淆方案，以保证参与者的位置隐私。通过严格的理论分析和大规模的仿真，验证了本书提出的机制可以实现近似最优的利润，同时保持系统高稳定性并确保参与者较高的位置私密性。在未来的研究中，可以研究在不同的网络架构中（如在雾无线接入网中）实现具有隐私保护功能的群智感知机制。

2. 具有隐私保护功能的群智感知数据收集在线控制机制

在群智感知系统中，感知任务的到达是高度动态和不可预测的。第一，感知任务的数量是未知的，并且分配给参与者并由参与者上传到平台上的任务是动态不可预测的，因此需要一个在线算法来对感知任务和参与者进行自适应决策。第二，每个智能设备和平台的容量都是有限的。如果任务积累过多，就会出现网络拥塞。因此，需要控制访问系统的感知任务数量，以保证系统的稳定性。第三，当参与者完成感知任务时，可能会因为环境噪声、传感器测量不准确等而导致感知数据不准确，因此，平台有必要设计合理的聚合机制，准确收集每个参与者的感知数据。第四，人们越来越重视自己的隐私，如果上传的感知数据暴露了个人隐私，甚至引发恶意攻击，人们就不会执行感知任务。因此，有必要根据参与者的隐私保护水平对上传的感知数据进行适当的调整，以保护参与者的隐私。第五，平台需要补偿参与者的资源消耗和前往任务点的路费，以提高参与者的积极性。针对上述问题，本书从平台的数据聚合误差最小化、系统的稳定性和群智感知参与者的隐私性等方面对网络控制机制进行了研究，采用 Lyapunov 随机优化技术在数据聚合误差和系统稳定性之间进行权衡。本书还扩展了标准的 Lyapunov 随机优化技术，以解决不同类型的感知任务通常具有不同处理时间的问题。严格的理论分析和大量的仿真结果表明，所提机制可以获得近似最优的数据聚集误差，同时保持了系统的稳定性，并保证了参与者的高隐私保护水平。在未来的研究中，可以研究如何推动群智感知应用的实用化进程。

3. 基于深度强化学习的具有隐私保护功能的群智感知数据收集机制

在群智感知中，如何保护参与者的个人信息不被泄露，同时提取准确的感知数据是一项具有挑战性的任务。一种传统的方法是，当有感知请求时，先将感知数据上传到平台上，然后均匀添加噪声。但是，该方法没有考虑到不同参与者对其感知数据的隐私敏感性。在所有现有的隐私保护机制中，差分隐私因其为聚合统计中的个体数据提供了强有力的理论保障而备受关注。但是，如果参与者在将感知数据上传到平台的时候对其添加统一的噪声，将会破坏平台的效用。针对这一问题，本书提出了一种支付-隐私保护水平博弈，其中每个参与者用指定的隐私保护水平提交感知数据，而平台支付相应的费用给参与者。此外，考虑到支付-隐私保护水平模型在实践中是未知的，本书采用了 Q 学习来获得动态支付-隐私保护水平博弈中的支付-隐私保护水平策略。之后进一步使用深度 Q 网络，它将深度学习与强化学习相结合，以加快学习速度。在未来的研究中，可以研究如何采用最新的机器学习算法使在获得平台的最优支付策略的同时，进一步加快学习速度并且减小过拟合。

4. 基于深度强化学习的具有隐私保护功能的群智感知激励机制研究

群智感知要特别注意参与者本身能否将感知数据提交到平台，以免泄露参与者的敏感信息，并激励参与者提高感知质量。为了应对上述挑战，第 6 章提出了一种在群智感知中的激励机制，以在隐私保护下招募参与者。由于群智感知任务的异构性，因此假定存在多个平台向多个参与者宣布了感知任务。首先将平台与参与者之间的互动建模为一个多领导者、多跟随者的斯坦伯格博弈，在该博弈中，作为领导者的平台向参与者付款，而作为跟随者的参与者做出贡献，这取决于感知努力等级和隐私保护等级，借此从平台中获得相应的费用。一般来讲，参与者更高的感知努力等级和更低的隐私保护水平将为平台做出更多贡献。然后推导得出一个唯一的纳什平衡点，这意味着平台和参与者的效用都得到了最大化。由于环境的复杂性以及不确定性，难以获得最优策略，因此采用强化学习算法(即 Q 学习)来获得参与者的最优感知贡献。为了加快学习速度并尽量避免对参与者所采用决策的乐观高估,提出了一种将深度学习算法与 Q 学习相结合的对抗网络体系结构,即具有对抗架构的双深度 Q 网络,以获得平台的最优支付策略。为了评估所提出机制的性能,我们进行了大量的仿真实验,证明了所提出机制与最新技术相比的优越性。在未来的研究中,可以进一步研究隐私保护和服务质量之间的权衡,以激励群智感知平台参与者有效地参与感知任务。

参考文献

[1] Gisdakis S, Giannetsos T, Papadimitratos P. Security, Privacy & Incentive Provision for Mobile Crowd Sensing Systems[J]. IEEE Internet of Things Journal, 2016, 3(5):839-853.

[2] Lin J, Yang D J, Li M, et al. Frameworks for Privacy-preserving Mobile Crowdsensing Incentive Mechanisms [J]. IEEE Transactions on Mobile Computing, 2018, 17(8):1851-1864.

[3] Jin H M, Su L, Xiao H P, et al. Incentive Mechanism for Privacy-aware Data Aggregation in Mobile Crowd Sensing Systems[J]. IEEE/ACM Transactions on Networking, 2018, 26 (5): 2019-2032.

[4] Liu B, Zhou W L, Zhu T Q, et al. Invisible Hand: a Privacy Preserving Mobile Crowd Sensing Framework Based on Economic Models[J]. IEEE Transactions on Vehicular Technology, 2017, 66(5):4410-4423.

[5] Wang X, Liu Z, Tian X H, et al. Incentivizing Crowdsensing With Location-privacy Preserving[J]. IEEE Transactions on Wireless Communications, 2017, 16(10):6940-6952.

[6] Zhang Z K, He S B, Chen J M, et al. REAP: an Efficient Incentive Mechanism for Reconciling Aggregation Accuracy and Individual Privacy in Crowdsensing [J]. [S. l.]: IEEE Transactions on Information Forensics and Security, 2017, 13(12):2995-3007.

[7] Lin J, Li M, Yang D J, et al. Sybil-proof Online Incentive Mechanisms for Crowdsensing[C]// IEEE INFOCOM 2018-IEEE Conference on

Computer Communications. [S. l.]:IEEE, 2018:2438-2446.

[8] Jin W Q, Li M, Guo L K, et al. DPDA: A Differentially Private Double Auction Scheme for Mobile Crowd Sensing[C]// IEEE Conference on Communications & Network Security. [S. l.]: IEEE, 2018:1-9.

[9] Li T, Jung T H, Qiu Z J, et al. Scalable Privacy-preserving Participant Selection for Mobile Crowdsensing Systems: Participant Grouping and Secure Group Bidding[J]. IEEE Transactions on Network Science & Engineering, 2020, 7(2):855-868.

[10] Wang Z B, Hu J H, Lv R Z, et al. Personalized Privacy-preserving Task Allocation for Mobile Crowdsensing[J]. IEEE Transactions on Mobile Computing, 2019, 18(6):1330-1341.

[11] Liu T, Zh Y M, Zhang Q, et al. Stochastic Optimal Control for Participatory Sensing Systems with Heterogenous Requests[J]. IEEE Transactions on Computers, 2016 65(5):1619-1631.

[12] Zhou C Y, Tham C K, Motani M. Auction Meets Queuing: Information-driven Data Purchasing in Stochastic Mobile Crowd Sensing[C]// 2017 14th Annual IEEE International Conference on Sensing, Communication, and Networking. [S. l.]: IEEE, 2017:1-9.

[13] Wang Z F, Wu J B, Wu Y H, et al. Predictive Location Aware Online Admission and Selection Control in Participatory Sensing [J]. IEEE transactions on industrial informatics, 2019, 15(8): 4494-4505.

[14] Wang X, Jia R H, Tian X H, et al. Dynamic Task Assignment in Crowdsensing with Location Awareness and Location Diversity [C]// [S. l.]:INFOCOM. 2018:2420-2428.

[15] Ni J B, Zhang K, Xia Q, et al. Enabling Strong Privacy Preservation and Accurate Task Allocation for Mobile Crowdsensing[J]. IEEE Transactions on Mobile Computing, 2020, 19(6):1317-1331.

[16] Xiong J B, Ma R, Chen L, et al. A Personalized Privacy Protection

Framework for Mobile Crowdsensing in IIoT[J]. IEEE Transactions on Industrial Informatics，2020，16(6):4231-4241.

[17] Cai C J，Zheng Y F，Wang C. Leveraging Crowdsensed Data Streams to Discover and Sell Knowledge：a Secure and Efficient Realization[C]// 2018 IEEE 38th International Conference on Distributed Computing Systems. [S. l.]:IEEE，2018:589-599.

[18] Zhang C，Zhu L H，Xu C，et al. Reliable and Privacy-preserving Truth Discovery for Mobile Crowdsensing Systems[J]. IEEE Transactions on Dependable and Secure Computing，2021，18(3)：1245-1260.

[19] Li T，Jung T H，Li H S，et al. Scalable Privacy-preserving Participant Selection in Mobile Crowd Sensing[C]// 2017 IEEE International Conference on Pervasive Computing and Communications. [S. l.]:IEEE，2017:59-68.

[20] Zheng Y F，Duan H Y，Wang C. Learning the Truth Privately and Confidently：Encrypted Confidence-aware Truth Discovery in Mobile Crowdsensing[J]. IEEE Transactions on Information Forensics and Security，2018，13(10):2475-2489.

[21] Sucasas V，Mantas G，Bastos J，et al. A Signature Scheme with Unlinkable-yet-acountable Pseudonymity for Privacy-preserving Crowdsensing[J]. IEEE Transactions on Mobile Computing，2019，19(4):752-768.

[22] Zhao C，Yang S S，Mccann J A. On the Data Quality in Privacy-preserving Mobile Crowdsensing Systems with Untruthful Reporting[J]. IEEE Transactions on Mobile Computing，2021，20(2):647-661.

[23] Zhu L H，Li M，Zhang Z J. Secure Fog-assisted Crowdsensing with Collusion Resistance：From Data Reporting to Data Requesting[J]. IEEE Internet of Things Journal，2019，6(3):5473-5484.

[24] Wang Z B，Pang X Y，Chen Y H，et al. Privacy-preserving Crowd-sourced Statistical Data Publishing with an Untrusted

Server[J]. IEEE Transactions on Mobile Computing, 2019, 18(6): 1356-1367.

[25] Li M, Zhu L H, Lin X D. Privacy-preserving Traffic Monitoring with False Report Filtering via Fog-assisted Vehicular Crowdsensing[J]. IEEE Transactions on Services Computing, 2019.

[26] Zhou P, Chen W B, Ji S L, et al. Privacy-preserving Online Task Allocation in Edge-computing-Enabled Massive Crowdsensing[J]. IEEE Internet of Things Journal, 2019, 6(5):7773-7787.

[27] Zhu L H, Zhang C, Xu C, et al. RTSense: Providing Reliable Trust-based Crowdsensing Services in CVCC[J]. IEEE Network, 2018, 32(3):20-26.

[28] Ni J B, Zhang K, Yu Y, et al. Providing Task Allocation and Secure Deduplication for Mobile Crowdsensing via Fog Computing [J]. IEEE Transactions on Dependable & Secure Computing, 2020, 17(3):581-594.

[29] Duan H Y, Zheng Y F, Du Y F, et al. Aggregating Crowd Wisdom via Blockchain: a Private, Correct, and Robust Realization[C]// 2019 International Conference on Pervasive Computing and Communications. [S. l.]:IEEE, 2019:1-10.

[30] Cai C J, Zheng Y F, Du Y F, et al. Towards Private, Robust, and Verifiable Crowdsensing Systems via Public Blockchains[J]. IEEE Transactions on Dependable and Secure Computing, 2019.

[31] Zou S H, Xi J W, Wang H G, et al. CrowdBLPS: a Blockchain-Based Location-privacy-preserving Mobile Crowdsensing System [J]. IEEE Transactions on Industrial Informatics, 2020, 16(6): 4206-4218.

[32] Lai C Z, Zhang M, Cao J, et al. SPIR: a Secure and Privacy-preserving Incentive Scheme for Reliable Real-time Map Updates [J]. IEEE Internet of Things Journal, 2019, 7(1): 416-428.

[33] Yin B, Wu Y L, Hu T S, et al. An Efficient Collaboration and Incentive Mechanism for Internet of Vehicles (IoV) With Secured

Information Exchange Based on Blockchains[J]. IEEE Internet of Things Journal, 2020, 7(3):1582-1593.

[34] Wang L Y, Yang D Q, Han X, et al. Mobile Crowdsourcing Task Allocation with Differential-and-distortion Geo-obfuscation [J]. IEEE Transactions on Dependable and Secure Computing, 2021, 18(2):967-981.

[35] Wang Z B, Li J X, Hu J H, et al. Towards Privacy-preserving Incentive for Mobile Crowdsensing Under an Untrusted Platform [C]// IEEE INFOCOM 2019-IEEE Conference on Computer Communications. [S. l.]:IEEE, 2019: 2053-2061.

[36] Huang P, Zhang X N, Guo L K, et al. Incentivizing Crowdsensing-based Noise Monitoring with Differentially-private Locations[J]. IEEE Transactions on Mobile Computing, 2019, 20(2): 519-532.

[37] Zhang M Y, Chen J M, Yang L, et al. Dynamic Pricing for Privacy-preserving Mobile Crowdsensing: a Reinforcement Learning Approach[J]. IEEE Network, 2019, 33(2):160-165.

[38] Gao G J, Xiao M J, Wu J, et al. DPDT: a Differentially Private Crowd-sensed Data Trading Mechanism [J]. IEEE Internet of Things Journal, 2020, 7(1): 751-762.

[39] Liang X, Chen T H, Xie C X, et al. Mobile Crowdsensing Games in Vehicular Networks [J]. IEEE Transactions on Vehicular Technology, 2018, 67(2):1535-1545.

[40] Alsheikh M A, Niyato D, Leong D, et al. Privacy Management and Optimal Pricing in People-centric Sensing[J]. IEEE Journal on Selected Areas in Communications, 2017, 35(4):906-920.

[41] Jin H M, Su L, Nahrstedt K. CENTURION: Incentivizing Multi-requester Mobile Crowd Sensing [C]// IEEE INFOCOM 2017-IEEE Conference on Computer Communications. [S. l.]: IEEE, 2017:1-9.

[42] Yang D J, Xue G L, Fang X, et al. Crowdsourcing to Smartphones: Incentive Mechanism Design for Mobile Phone Sensing [C]//

Proceedings of the 18th annual international conference on Mobile computing and networking. [S. l.]:ACM, 2012:173-184.

[43] Nie J T, Luo J, Xiong Z H, et al. A Stackelberg Game Approach Toward Socially-aware Incentive Mechanisms for Mobile Crowdsensing [J]. IEEE transactions on wireless communications, 2019, 18 (1): 724-738.

[44] Cao B, Xia S C, Han J W, et al. A Distributed Game Methodology for Crowdsensing in Uncertain Wireless Scenario[J]. IEEE Transactions on Mobile Computing, 2020, 19(1):15-28.

[45] Zhan Y F, Xia Y Q, Liu Y, et al. Incentive-Aware Time-sensitive Data Collection in Mobile Opportunistic Crowdsensing [J]. IEEE Transactions on Vehicular Technology, 2017, 66(9): 7849-7861.

[46] Zhan Y F, Liu C H, Zhao Y N, et al. Free Market of Multi-leader Multi-follower Mobile Crowdsensing: an Incentive Mechanism Design by Deep Reinforcement Learning[J]. IEEE Transactions on Mobile Computing, 2020, 19(10):2316-2329.

[47] Wang C K, Wang C P, Wang Z, et al. DeepDirect: Learning Directions of Social Ties with Edge-based Network Embedding [J]. IEEE Transactions on Knowledge and Data Engineering, 2019, 31(12): 2277-2291.

[48] Jin H M, Su L, Ding B L, et al. Enabling Privacy-preserving Incentives for Mobile Crowd Sensing Systems[C]// 2016 IEEE 36th International Conference on Distributed Computing Systems. [S. l.]:IEEE, 2016:344-353.

[49] Wang Y J, Cai Z P, Tong X G, et al. Truthful Incentive Mechanism with Location Privacy-preserving for Mobile Crowdsourcing Systems [J]. Computer Networks, 2018, 135:32-43.

[50] Jin H M, Su L, Xiao H P, et al. INCEPTION: Incentivizing Privacy-preserving Data Aggregation for Mobile Crowd Sensing Systems[C]// the 17th ACM Symposium on Mobile Ad Hoc Networking and Computing. [S. l.]:ACM, 2016.

[51] Tang X T, Wang C, Yuan X L, et al. Non-interactive Privacy-preserving Truth Discovery in Crowd Sensing Applications[C]// IEEE INFOCOM 2018-IEEE Conference on Computer Communications. [S. l.]: IEEE, 2018: 1988-1996.

[52] Basudan S, Lin X D, Sankaranarayanan K. A Privacy-preserving Vehicular Crowdsensing-based Road Surface Condition Monitoring System Using Fog Computing[J]. IEEE Internet of Things Journal, 2017, 4(3): 772-782.

[53] Ma Q, Zhang S F, Zhu T, et al. PLP: Protecting Location Privacy Against Correlation Analyze Attack in Crowdsensing [J]. IEEE Transactions on Mobile Computing, 2017, 16(9): 2588-2598.

[54] Wu D P, Si S S, Wu S E, et al. Dynamic Trust Relationships Aware Data Privacy Protection in Mobile Crowd-sensing [J]. IEEE Internet of Things Journal, 2017, 5(4): 2958-2970.

[55] Xiao Z, Yang J J, Huang M, et al. QLDS: A Novel Design Scheme for Trajectory Privacy Protection with Utility Guarantee in Participatory Sensing[J]. IEEE Transactions on Mobile Computing, 2018, 17(6): 1397-1410.

[56] Xiao L, Li Y D, Han G A, et al. A Secure Mobile Crowdsensing Game with Deep Reinforcement Learning[J]. IEEE Transactions on Information Forensics & Security, 2018, 13(1): 35-47.

[57] Luo C W, Liu X, Xue W L, et al. Predictable Privacy-preserving Mobile Crowd Sensing: a Tale of Two Roles[J]. IEEE/ACM Transactions on Networking, 2019, 27(1): 361-374.

[58] Sei Y C, Ohsuga A. Differential Private Data Collection and Analysis Based on Randomized Multiple Dummies for Untrusted Mobile Crowdsensing[J]. IEEE Transactions on Information Forensics and Security, 2017, 12(4): 926-939.

[59] Wu H Q, Wang L M, Xue G L. Privacy-aware Task Allocation and Data Aggregation in Fog-assisted Spatial Crowdsourcing[J]. IEEE Transactions on Network Science and Engineering, 2020, 7

(1):589-602.

[60] Qiu F D, Wu F, Chen G H. Privacy and Quality Preserving Multimedia Data Aggregation for Participatory Sensing Systems [J]. IEEE Transactions on Mobile Computing, 2015, 14(6):1287-1300.

[61] Shen M, Tang X Y, Zhu L H, et al. Privacy-preserving Support Vector Machine Training Over Blockchain-based Encrypted IoT Data in Smart Cities[J]. IEEE Internet of Things Journal, 2019, 6(5):7702-7712.

[62] Shen M, Deng Y W, Zhu L H, et al. Privacy-preserving Image Retrieval for Medical IoT Systems: A Blockchain-Based Approach [J]. IEEE Network, 2019, 33(5):27-33.

[63] Liang Y, Cai Z P, Yu J G, et al. Deep Learning Based Inference of Private Information Using Embedded Sensors in Smart Devices [J]. IEEE Network, 2018, 32(4):8-14.

[64] Ganti, Raghu, Fan, et al. Mobile Crowdsensing: Current State and Future Challenges. [J]. IEEE Communications Magazine, 2011, 49(11):32-39.

[65] Accessed: Jul. 2019. [EB/OL]. Available: https://www.waze.com/.

[66] Cao Ch, Liu D, Li M, et al. Walkway Discovery from Large Scale Crowdsensing[P]. Information Processing in Sensor Networks,2018.

[67] Accessed: Jun. 2019. [EB/OL]. Available: http://www.fieldagent.net/.

[68] Accessed: Jul. 2019. [EB/OL]. Available: https://www.waze.com/.

[69] Accessed: Jul. 2019. [EB/OL]. Available: http://opensense.epfl.ch/.

[70] Gao R, Zhao M, Ye T, et al. Jigsaw: Indoor Floor Plan Reconstruction via Mobile Crowdsensing [C]// International Conference on Mobile Computing & Networking. [S.l.]:ACM, 2014:249-260.

[71] Neely, Michael J. Stochastic Network Optimization with Application

to Communication and Queueing Systems[J]. Synthesis Lectures on Communication Networks, 2010, 3(1):211.

[72] Andrés M E, Bordenabe N E, Chatzikokolakis K, et al. Geo-indistinguishability: Differential Privacy for Location-based Systems [C]// ACM Conference on Computer and Communications Security. [S. l.]:ACM, 2013:901-914.

[73] Van Tilborg H C A, Jajodia S. Encyclopedia of Cryptography and Security[M]. Springer US, 2011.

[74] Koh J Y, Nevat I, Leong D, et al. Geo-spatial Location Spoofing Detection for Internet of Things[J]. IEEE Internet of Things Journal, 2016, 3(6):971-978.

[75] Restuccia F, Saracino A, Das S K, et al. Preserving QoI in Participatory Sensing by Tackling Location-spoofing Through Mobile WiFi Hotspots[C]// IEEE International Conference on Pervasive Computing & Communication Workshops. [S. l.]: IEEE, 2015:81-86.

[76] Accessed: Jun. 2019. [EB/OL]. Available: https://crawdad.org/ncsu/mobilitymodels/20090723.

[77] Capponi A, Fiandrino C, Kantarci B, et al. A Survey on Mobile Crowdsensing Systems: Challenges, Solutions and Opportunities [J]. IEEE Communications Surveys & Tutorials, 2019, 21(3): 2419-2465.

[78] Dwork C. Differential Privacy[M]// Encyclopedia of Cryptography and Security. 2011:338-340.

[79] Dwork C, Roth A. The Algorithmic Foundations of Differential Privacy[J]. Foundations and Trend in Theoretical Computer Science, 2014, 9:211-407.

[80] Accessed: Jun. 2019. [EB/OL]. Available: http://www.noisetube.net/

[81] Zheng X, Cai Z P, Li Y S. Data Linkage in Smart Internet of Things Systems: A Consideration from a Privacy Perspective[J]. IEEE Communications Magazine, 2018, 56(9):55-61.

[82] Dwork C. Differential Privacy[C]// Proceedings of the 33rd international conference on Automata, Languages and Programming-Volume Part II. Springer, Berlin, Heidelberg, 2006.

[83] Liu Y, Hao L L, Liu Z X, et al. Mitigating Interference via Power Control for Two-tier Femtocell Networks: a Hierarchical Game Approach [J]. IEEE Transactions on Vehicular Technology, 2019, 68(7):7194-7198.

[84] Rahulamathavan Y, Dogan S, Lu R, et al. Scalar Product Lattice Computation for Efficient Privacy-preserving Systems[J]. IEEE Internet of Things Journal, 2021, 8(3):1417-1427.

[85] Chen S Z, Tao Y M, Yu D X, et al. Privacy-preserving Collaborative Learning for Multiarmed Bandits in IoT[J]. IEEE Internet of Things Journal, 2021, 8(5):3276-3286.

[86] Wei F S, Vijayakumar P, Kumar N, et al. Privacy-preserving Implicit Authentication Protocol Using Cosine Similarity for Internet of Things[J]. IEEE Internet of Things Journal, 2020, 8 (7): 5599-5606.

[87] Wang Q, Huang L X, Chen S P, et al. Blockchain Enables Your Bill Safer[J]. IEEE Internet of Things Journal, 2020, PP(99): 5599-5606.

[88] Mahdikhani H, Lu R X, Shao J, et al. Using Reduced Paths to Achieve Efficient Privacy-preserving Range Query in Fog-based IoT [J]. IEEE Internet of Things Journal, 2020, 8 (6): 4762-4774.

[89] Merad-Boudia O, Senouci S. An Efficient and Secure Multidimensional Data Aggregation for Fog Computing-based Smart Grid [J]. IEEE Internet of Things Journal, 2020, 8(8): 6143-6153.

[90] Fu J Y, Liao Z H, Liu J Q, et al. Memristor Based Variation Enabled Differentially Private Learning Systems for Edge Computing in IoT [J]. IEEE Internet of Things Journal, 2020.

[91] He Z C, Zhang T W, Lee R B. Attacking and Protecting Data

Privacy in Edge-cloud Collaborative Inference Systems[J]. IEEE Internet of Things Journal, 2020.

[92] Liu L, Feng J, Pei Q Q, et al. Blockchain-enabled Secure Data Sharing Scheme in Mobile Edge Computing: an Asynchronous Advantage Actor-critic Learning Approach[J]. IEEE Internet of Things Journal, 2020, 8(4):2342-2353.

[93] Wang X D, Garg S, Lin H, et al. A Secure Data Aggregation Strategy in Edge Computing and Blockchain Empowered Internet of Things[J]. IEEE Internet of Things Journal, 2020.

[94] Wang X D, Garg S, Lin H, et al. PPCS: an Intelligent Privacy-preserving Mobile Edge Crowdsensing Strategy for Industrial IoT [J]. IEEE Internet of Things Journal, 2020.

[95] Wu D P, Yang Z G, Yang B R, et al. From Centralized Management to Edge Collaboration: a Privacy-preserving Task Assignment Framework for Mobile Crowd Sensing[J]. IEEE Internet of Things Journal, 2021, 8(6):4579-4589.

[96] Sun G, Sun S Y, Yu H F, et al. Toward Incentivizing Fog-based Privacy-preserving Mobile Crowdsensing in the Internet of Vehicles[J]. IEEE Internet of Things Journal, 2020, 7(5): 4128-4142.

[97] Xu Q C, Su Z, Dai M H, et al. APIS: Privacy-preserving Incentive for Sensing Task Allocation in Cloud and Edge-cooperation Mobile Internet of Things with SDN[J]. IEEE Internet of Things Journal, 2020, 7(7): 5892-5905.

[98] Lin B C, Wu S H, Tsou Y T, et al. PPDCA: Privacy-preserving Crowdsensing Data Collection and Analysis with Randomized Response [C]// 2018 IEEE Wireless Communications and Networking Conference (WCNC). [S. l.]:IEEE, 2018:1-6.

[99] Dong X W, You Z C, Luan T H, et al. Optimal Mobile Crowdsensing Incentive Under Sensing Inaccuracy[J]. IEEE Internet of Things Journal, 2020, 8(10):8032-8043.

[100] Xiang C C, He S N, K. G. Shin, et al. Incentivizing Platform-user Interactions for Crowdsensing[J]. IEEE Internet of Things Journal, 2021, 8(10):8314-8327.

[101] Zhang Y F, Zhang X L, Li F. BiCrowd: Online Bi-objective Incentive Mechanism for Mobile Crowd Sensing [J]. IEEE Internet of Things Journal, 2020, 7(11):11078-11091.

[102] Ji G L, Yao Z, Zhang B X, et al. A Reverse Auction-based Incentive Mechanism for Mobile Crowdsensing [J]. IEEE Internet of Things Journal, 2020, 7(9):8238-8248.

[103] Liu Y , Feng T , Peng M , et al. COMP: Online Control Mechanism for Profit Maximization in Privacy-Preserving Crowdsensing [J]. IEEE Journal on Selected Areas in Communications, 2020, 38(7): 1614-1628.

[104] Liu Y , Feng T , Peng M , et al. DREAM: Online Control Mechanisms for Data Aggregation Error Minimization in Privacy-Preserving Crowdsensing[J]. IEEE Transactions on Dependable and Secure Computing, 2020, PP(99): 1-1.

[105] Liu Y , Wang H , Peng M , et al. DeePGA: A Privacy-Preserving Data Aggregation Game in Crowdsensing via Deep Reinforcement Learning [J]. IEEE Internet of Things Journal, 2020, 7(5): 4113-4127.

[106] Liu Y , Wang H , Peng M , et al. An Incentive Mechanism for Privacy-Preserving Crowdsensing via Deep Reinforcement Learning[J]. IEEE Internet of Things Journal, 2021, 8(10): 8616-8631.